形势与对策
——2023 年全国气象优秀调研成果选

主　编：曹晓钟
副主编：潘进军　桑瑞星

气象出版社
China Meteorological Press

图书在版编目（CIP）数据

形势与对策 ： 2023 年全国气象优秀调研成果选 ／ 曹
晓钟主编 ； 潘进军，桑瑞星副主编. -- 北京 ： 气象出
版社，2024. 8. -- ISBN 978-7-5029-8270-6

Ⅰ. P4-53

中国国家版本馆 CIP 数据核字第 2024K8V040 号

形势与对策——2023 年全国气象优秀调研成果选

Xingshi yu Duice——2023 Nian Quanguo Qixiang Youxiu Diaoyan Chengguo Xuan

出版发行：气象出版社

地　　址：北京市海淀区中关村南大街 46 号　　**邮政编码**：100081

电　　话：010-68407112（总编室）　010-68408042（发行部）

网　　址：http://www.qxcbs.com　　　　**E - m a i l**：qxcbs@cma.gov.cn

责任编辑：黄海燕　　　　　　　　　　　　**终　审**：张　斌

责任校对：张硕杰　　　　　　　　　　　　**责任技编**：赵相宁

封面设计：地大彩印设计中心

印　　刷：北京建宏印刷有限公司

开　　本：710 mm×1000 mm　1/16　　　　**印　张**：14.5

字　　数：275 千字

版　　次：2024 年 8 月第 1 版　　　　　　　**印　次**：2024 年 8 月第 1 次印刷

定　　价：80.00 元

编 委 会

目　　录

省级新型气象业务技术体制改革进展调研报告

梁　丰[1]　张志刚[1]　薛红喜[1]　刘　慧[1]　陈　奇[1,2]　周　勇[3]　李　芳[3]

（1. 中国气象局预报与网络司；2. 上海市气候中心；
3. 中国气象局气象发展与规划院）

党的十八大以来,以习近平同志为核心的党中央坚持以人民为中心,以前所未有的决心和力度推动全面深化改革工作向纵深发展,取得了伟大的改革成果。新时代气象部门贯彻落实习近平总书记关于气象工作重要指示精神,为中国式现代化贡献气象力量,根本动力仍然是全面深化改革。2023 年,通过广泛深入的调查研究和思考谋划,中国气象局党组提出大力推进气象科技能力现代化和社会服务现代化。要切实推进气象科技能力现代化,必须持续推动新型气象业务技术体制改革。为深入了解全国气象部门新型气象业务技术体制改革的具体进展,查找问题并提出对策建议,中国气象局预报与网络司组织中国气象局气象发展与规划院于 2023 年 10 月进行了改革进展调研。

一、新型气象业务技术体制改革的目标和要求

2022 年 6 月,中国气象局党组印发《新型气象业务技术体制改革方案（2022—2025 年)》。9 月,中国气象局办公室印发《新型气象业务技术体制改革试点工作方案》,选取 16 个省（区、市)气象局开展新型气象业务技术体制改革综合试点。2023 年 4 月,中国气象局预报与网络司印发《2023 年新型气象业务技术体制改革重点任务》,明确全年改革总目标和"云＋端"技术体制、业务布局分工、业务流程、科技创新体系、组织管理体系和应对气候变化 6 大类 38 项改革重点任务。

新型气象业务技术体制改革是推进气象科技能力现代化的关键举措。气象科技能力现代化是创新驱动、科技领先、监测精密、预报精准、服务精细、人才集聚的现代化。通过新型气象业务技术体制改革,优化基础业务布局分工,解决业务流程中脱节、重叠、衔接不畅等问题,转变发展方式,释放科技创新红利,提高基础业务效率,切实推进气象科技能力现代化。

新型气象业务技术体制改革是技术发展量变到质变的必然选择。每一次重大技术变革都将倒逼业务技术体制改革。近年来,传统气象科技领域进展迅猛,人工智能大模型等新型技术手段也已在气象领域展现了举世瞩目的能力和潜力。气象部门业务能力受到了史无前例的挑战,同时也迎来了巨大的发展机遇期。面对新一轮信息技术变革的新挑战,新型气象业务技术体制改革势在必行。

二、调研概况

此次调研以电子问卷形式在全国气象部门开展,共收到电子答卷 18572 份,涵盖省、市、县各级气象部门的业务、服务、科研和管理等各类岗位。

从问卷的身份选择结果来看,受访者业务单位人员占比 74％,机关人员占比 26％;省级的"预报员-预报岗"和"预报员-技术研发岗"比例为 6∶1,市级为 24∶1;省级的观测、预报、服务、信息、科研人员比例为 1∶4∶5∶1∶3,市级为 5∶14∶10∶3∶1,县级(科研除外)为 18∶19∶13∶1。

三、调研总体结果

整体而言,全国各级气象部门高度重视,充分动员并制定了相关方案,改革阶段性目标如期实现,边改革边发挥效益。

(一)功能强大、集约开放"云十端"技术体制初步建立

一是部门自建计算能力和存储能力基本满足当前业务需求,但与"十四五"期间业务和科研总需求仍有差距。

二是有七成业务系统完成集约化改造,一半以上业务系统完成云化改造。

三是对业务科研的信息化支撑力度整体上得到了加强。

四是各类监测、预报、服务产品大都已共享到云平台,但云上共享及时率有待提高。

五是数据库和主要信息化系统平均每月故障次数下降,数据环境性能明显提升。

(二)统筹集约、有机衔接的业务布局分工逐渐清晰

一是优化纵向多级业务布局,技术研发和产品制作向国家和省级气象部门集约,如观测装备研发、观测产品开发、信息处理技术研发。

二是应用服务向市级和县级气象部门下沉,如特色农业产品制作和应用、卫星遥感应用服务(灾害监测和生态、农业、环境的应用)等。

三是各业务单位的职责边界逐渐厘清,分工交叉有所减少。

（三）上下联通、左右贯通的气象业务流程不断优化

一是全链条气象业务大部分实现实时监控,网格预报产品制作效率有所提高。

二是各级业务流程得到优化集约,如构建基于云平台的实时应用库,基于"天擎"加工流水线规范采集数据并处理算法。

三是开发省级网格预报制作发布平台,省市协同订正制作,并不断完善实时检验。

（四）自立自强、开放协同的科技创新体系初见成效

建立揭榜挂帅机制,强化成果应用。深化科技合作,支持与高校、部门联合攻关。以气象高质量发展为目标,加强创新团队建设。制定科技成果评价实施细则,完善成果转化机制。

（五）协同高效、保障有力的组织管理体系稳步推进

观测—预报—服务业务链条主动互动联动机制已经建立,科学高效的业务管理制度体系运行良好。现有观测数据在遇有灾害性天气过程或重大活动保障时,基本满足预报精准需求。

（六）六成以上受访者认为改革效果很好

超过六成的受访者认为新型气象业务技术体制改革的效果很好,约三成的受访者认为效果一般,仅有 2% 的受访者认为基本无效果。大多数受访者对改革持肯定态度。

四、存在问题

（一）对改革的思想观念和认知还有差距

一是省、市、县各级干部职工认识不同。各级领导干部和业务技术人员的思想认识没有统一,改革的思维局限在本级、本部门,没有站在气象事业发展全局的角度考虑改革,着力破解深层次体制机制障碍的动力、信心、决心不足。

二是管理人员与专业技术人员对改革的理解不同。管理人员往往从分工和流程调整的角度谋划改革,专业技术人员往往从技术变革和新技术应用的角度理解和实施改革。技术变革引领制度改革,制度改革是为了新技术更好地发挥作

用,不应脱离技术空想改革,也不应只追求技术的发展而忽略制度的优化完善。

三是主动互动联动的内生动力和有效机制还未形成。主动互动联动的最终目标是提高业务效率和效益,不仅仅是原有分散的业务人员和业务工作的整合与叠加,而应该是根据业务发展需要重新建立的多方协同的工作机制。

(二)业务分工和布局调整仍然存在薄弱环节

一是气象业务平台过多,交叉重复严重,智能化程度不足,缺乏建设和维持经费支持。

二是预警信号制作审核流程复杂,发布渠道众多,自动化程度不够,需要投入大量人力审核,预警发布后"叫应"上报烦琐。

三是数据存储下载复杂,数据审批手续、提取过程烦琐。数据共享和数据安全的矛盾较多。

四是卫星观测产品开发、生态气候预测以及部分专业应用服务等业务布局调整任务执行进度较慢。

五是基层人少事多,多为兼职,不专不精。

(三)预报预警业务流程有待优化

一是智能网格预报业务流程仍有简化空间,客观智能化水平有待提高,目前网格预报后还需手动制作服务产品。省级气象部门需同时上传网格预报和城镇预报。市级气象部门预报员对智能网格要素预报的主观订正能力越来越有限,建议市级气象部门取消主观订正业务。

二是智能网格预报产品多在系统内部流转,未有效生成标准统一的对外服务产品供市县级气象部门应用,社会经济效益不明显。

三是短临业务流程还不够扁平化。预警信号制作与发布流程改革有成效,但未达预期。预警信号发布基于综合考虑,非气象因素较多,标准化程度不够。检验功能不完善。

四是超过一半的受访者认为预报员的班下科研时间增加不明显或没有增加,预报员转型发展的整体环境条件一般。

(四)科技创新体系还需不断完善

一是关键核心技术对业务的支撑仍不足,基础研究与应用研究结合不够,高质量技术偏少。

二是创新平台作用发挥和科技资源投入力度不足,与地方科技部门还需进一步联动,探索新的合作机制。

三是创新团队的科技引领作用有待进一步加强,科研创新与实际业务工作联系不紧密,难以转化运用。

四是科技政策宣传力度不够,基层科研时间、人员严重不足,难以产出高水平的科技成果。

五是约四成的受访者认为,新型的科研立项及成果转化机制和分类评价机制尚不完善或不清楚。

五、对策建议

(一)深刻认识新型气象业务技术体制改革的重要性

新型气象业务技术体制改革成效决定了气象事业整体发展的格局和上限,事关气象事业大局。在改革的谋划和推动过程中,不能只关注气象业务本身,更要从服务需求端找差距、找问题、找方向。改革路径要与事业单位改革衔接、与科技人才改革衔接、与服务供给侧改革衔接、与管理体制改革衔接,凝聚改革合力,发挥协同效益,不断加强改革的系统性、整体性。要客观认识改革的艰巨性和复杂性,从实物工作量角度来看,哪些改革举措是触及症结的、动真碰硬的"真改革",不搞走过场式的"形式主义改革";从解决问题成效角度来看,通过深化改革,哪些问题被解决了,哪些问题换了一种形态仍然存在,甚至由于改革的失败滋生出了新问题、新矛盾;从促进业务能力角度来看,通过深化改革有没有提升业务能力,提升了多少,通过改革是否改善业务科研人员的支撑保障环境,是否减少业务科研工作的"低效劳动"和"无效劳动",业务科研人员是否认同改革的成效。

(二)准确把握新型气象业务技术体制改革的重点和抓手

一是继续推动"云十端"技术体制深入发展。从现有"国省联通"的两级架构向"国省协同"的一级云架构演变,形成以地球系统大数据平台为统一"大平台",以组件构建支撑核心业务的"大系统",发展适应不同用户需求的轻量型"多应用"业务软件生态。强化众创共建和互利共赢,提升气象数据价值共生能力,加快推进高质量气象数据供给。

二是持续完善高效集约的业务流程。继续健全气象业务"主动、互动、联动"工作机制,挖掘现有流程中的堵点、断点、交叉点,优化流程设置。针对调研中反映出部分任务执行进度较慢的问题,加快推进卫星产品研发、生态气候预测、气候变化监测预估评估、航空气象服务、极端气候事件遥感监测、全链条实时监控等工作。

三是智能网格预报持续向自动化、无缝隙、集约化方向发展。加强天气气候网格预报一体化顶层设计,推动算法滚动准入、成效自动评价、结论自动拼接比对,提高网格预报的质量。瞄准下一代地球系统模式研发的制高点,对标世界先进水平,举部门内外之力,构建我国数值预报新业态。聚焦人工智能新兴技术,优化分工布局,构建基于国产数据、自主可控的人工智能气象预报大模型。

四是进一步加强观测对预报服务的支撑。将新型气象观测设备的布局建设、应用培训、标准制定、应用研究等各项工作同谋划、同部署、同推进。组织开发协同观测平台,以预报服务需求为导向,制定观测策略。推动观测资料在数值预报、实况分析、人工影响天气等领域的广泛应用。

五是加快服务业务数字化、智能化发展。大力推进"网格实况/智能预报+气象服务"的新型气象服务业务体系,推动气象服务数字化转型。开发基于影响预报和风险预警的数字地图、数字产品、数字接口,有机接入政府决策、社会治理、企业调度、生活服务等信息化平台。推进人工智能、大数据等技术在气象服务中的广泛应用。

(三)深化改革,持续优化新型气象业务的发展环境

一是坚持系统观念,深入实施科技创新驱动发展战略。加快面向核心业务的技术攻关体系改革,建立完善地球系统数值预报、人工智能重大技术攻关新型举国体制。深化科技评价机制和资源配置机制改革,加快形成聚焦业务发展、突出实物工作量的气象科技"三评"新导向。构建融合创新的协同新格局,持续推动部门内外开放合作。

二是坚持人才为本,深化人才发展体制机制改革。积极争取多方资源,大力推进气象人才高地建设。建立健全与新型气象业务技术体制相适应的、充分体现新型气象业务特色和岗位特点的人才评价体系。健全以考核评价结果为依据的激励机制,实现激励与业绩挂钩、与贡献匹配,加强科技成果知识产权保护机制建设。

三是坚持科学管理,强化业务体制管理体系。将事业单位改革与新型气象业务技术体制改革牢牢结合起来,完善配套的岗位职责,减少传统业务值班岗位,增加研究开发和成果转化等实物工作量,推动预报员等转型发展和气象科技力量增长。面向改革后的新型气象业务技术体系和岗位,优化业务考核体系,提升自动化、客观化的考核比例,为基层减负,持续滚动监测改革成效。强化标准的权威性和约束力,加强关键技术领域标准研究。

完善气象观测发展机制，
推动观测业务高质量发展

——全球主要发达国家气象观测发展机制调研报告

唐　伟　于　丹　樊奕茜　梁海河　廖　军

（中国气象局气象发展与规划院）

当前,我们正处于推进气象高质量发展开局起步的关键时期,如何推动气象观测从注重规模建设向注重质量效益转变,是亟须思考和解决的一个重要问题。根据中国气象局党组总体部署,中国气象局发展与规划院组建专题研究组,采用一对一专家访谈、专家咨询和文献调研等方式,深入挖掘欧美日韩等国家/地区典型案例,分析凝练发展思路和运行机制,并在国内外对比分析的基础上,针对制约我国气象观测发展的诸多机制问题,提出了推动气象观测高质量发展的思考与建议。

一、装备研发方面的国内外调研与对比分析

美国主要通过制定立法与政策,建立开放协同的研发机制和成果转化机制等方式推动观测装备研发。一是注重制定相关法律。2017 年美国通过《天气研究和预报创新法》给予美国国家海洋和大气管理局（NOAA）额外的联邦投入,2023 年国会组织召开《国家海洋和大气管理局 2023 法案》和《天气法再授权法》(2023)听证会,致力于保障未来 5 年美国预报能力的持续发展,强化商业气象观测数据的快速同化,以达到欧洲对多源数据的同化水平。二是重视基础研究,建立开放协同的研发机制。通过几十年的发展,美国基本建立了完整的雷达装备研发流程,即由大学和研究机构开展基础理论研究实现气象雷达原理样机创新;由 NOAA、大学和研究机构联合制造商（美国国家气象局（NWS）合作伙伴）开展长期工程化试验,取得工程样机、观测和质量控制方法;之后将成果转化至合作伙伴（多个商家）进行样机生产,通过市场竞争选择最优厂家批量生产设备,实现工艺和流程的标准化生产。三是建立实操性强的科研业务转化机制。美国通过

建立研究和开发过渡政策,建立试验台和测试场,开展春季预报试验、飓风试验等观测预报互动试验等有力举措,推动科研与业务融合。四是重视装备先试和数据先用。美国在雷达布局建设前期有很长的试验期,如 NEXRAD(指美国国家气象局的业务运行雷达)研发周期长达数十年,相控阵雷达研发也已实施20余年,目前仍在研发验证中。同样,为解决卫星工程中的关键科学技术问题,使卫星发射后尽快投入使用并产生应用效果,欧美采用提前公开用户手册和数据信息、召开用户大会,以及在卫星发射前提前培训、发射后开发和测试新产品等方式,提高卫星资料向业务应用的转化效率。

在我国,近年来更加重视观测装备的自主研发且成效逐步显现,但总体来讲,还存在许多亟待改进的问题,如装备生产厂家多、型号多,核心元器件性能指标不够理想,装备标准化建设有待加强,关键核心算法尚不能满足业务需求,核心装备国产化率仍然不高等。究其原因,一是对装备研发的基础研究重视不够,虽然已与高校共建了多个实验室,但由于缺乏必要的科研项目和经费支持(甚至有的实验室每年只有5万元的科研经费),导致诸多"瓶颈"问题因缺乏持续支持而难以突破。二是目前我国观测装备的研发基本是中国气象局"开方",厂家"抓药",且预研阶段各自为战,美国利用政学研企等主体共同开展预研的方式在我国短期内很难实现,因此可以考虑近期中国气象局不给"药方",而是加强引导、评估和选优。三是现行预算体制很难支持对装备研发的投入。四是我国装备生产管理相对松散,各省多是自行购买设备,并由多个国企分别生产,没有形成优胜劣汰的市场机制。针对这些问题,可合理借鉴国际案例中重视基础研究、促进研究向业务转化等做法,并结合我国实际情况完善装备研发机制。另外,由于我国与美国属于不同法系,立法、执法和预算体制等方面有很大差异,因此,可考虑先采用强化标准、政策、规划等途径,再逐步谋划以立法为基础推动观测发展。

二、站网布局方面的国内外调研与对比分析

调研显示,美国主要通过建立观测试验机制和跨部门统筹规划机制推动观测站网的科学布局。

一是观测试验机制。《天气研究和预报创新法》明确要求超过5亿美元的项目需要基于观测系统模拟试验评估机制定量评估观测系统对数值预报准确性提高的价值,并通过观测试验机制明确观测目标和方法,分析新的观测系统能否提高数值天气预报的准确性和价值,评估观测系统架构并确定项目优先级。通过一系列有细化目标和规范的要求,使观测需求、差距、能力建设和重点任务间构

成了相对合理的管理闭环。

二是跨部门统筹规划机制。在联邦气象协调机构的统筹下，NOAA、美国联邦航空管理局（FAA）和美国国防部（DOD）三方共建共享国家观测站网，经费由三方根据跨部门协议公平分摊，各自负责相关站网的运维费用。同时，在促进气象服务机构间委员会（ICAMS）的协调下，DOD 和 FAA 向 NWS 拨款支持气象观测在内的业务和项目研究。

我国气象观测经过几十年的发展，已经建成由地面观测站、探空站、天气雷达、风云气象卫星等组成的立体综合观测系统，站网顶层设计趋于合理，站网布局科学化水平进一步提高。但面对业务发展需求，在观测站网布局方面，对气象装备对比试验和前期应用试验及评估尚不完善，针对江淮梅雨、东北冷涡、西南涡等关键天气气候系统的观测试验开展不够，已开展的观测试验效果也有待强化。因此，可考虑合理借鉴上述观测试验机制，在我国典型天气与气候区域开展观测试验并跟踪评估其效益，建立通过观测试验预评估观测站网布局对数值预报能力提升效果的闭环管理机制。在规划统筹方面，目前，气象部门主要负责部门内气象观测站网建设，与水利部、农业农村部、自然资源部等行业部门在观测站网布局、建设和数据共享等方面的统筹都尚待加强。在这种情况下，可考虑借鉴欧洲做法，从数据端入手，通过建立通用数据标准，实现行业间数据交换共享。

三、运维保障方面的国内外调研与对比分析

调研显示，各国由于实际情况不同，气象装备保障模式也有很大差异。其中，美国建立了气象部门为主的运维保障机制，日韩等国多采用社会化保障机制。具体的，美国由 NOAA 下属不同机构负责观测装备的运行、技术支持、软硬件技术改造、现场维护维修、备件供应、人员培训等运行保障工作；通过签署 NOAA 和 FAA、DOD 间的跨机构协议备忘录，制定综合后勤支持计划，制定技术手册等方式解决运维保障等问题。美国实行统一的运维程序、政策和改进指导，统一的技术手册、培训和集中储备备件。虽然国土面积广阔，观测仪器众多，但装备研发完成后均按照统一型号和标准进行生产，且建设时就把未来业务运行所需备件备齐，这种运维保障机制可有效节约成本，实现资源集约化和合理配置。日本和韩国由于国家体量小，观测设备多、型号杂，多采用社会化保障的方式来节约成本，满足保障需求。日本通过立法对仪器验证等统一标准事项进行规定，确保社会化保障的高效运行。

目前，我国已建成具备数据获取、数据处理、运行保障、装备管理四大功能的

综合观测业务运行信息平台,初步实现了观测业务集约化运行,装备维修时间进一步缩短,保障能力进一步强化。但面对监测精密的发展要求,一定程度上还存在装备保障能力发展与建设速度不匹配,计量业务体系和测试保障体系尚不完善,观测试验基地的基础设施和测试能力不足,新装备测试验证能力发展相对滞后,装备标准化程度不高、投入大、耗时多,保障水平有待提升等亟待解决的问题。究其原因,首先,我国现有雷达型号多达 7 个,且同一型号由于建设周期长、批次也不同,属于“边研发、边建设、边改进、边应用”。其次,观测系统运维经费并非国家全额提供,需要气象部门通过科技服务弥补运维经费。再次,装备标准规范不统一,致使备品备件不通用,运维保障技术难度大、要求高。鉴于我国部分地面站和雷达等观测装备由地方政府投资,且由于我国国土面积广阔,不同区域、省份经济水平差异较大,对气象服务的需求以及观测站网运维的投资能力也大不相同,因此我们不宜简单照搬某种保障模式,而应因地制宜,探索建立适合我国气象观测业务发展的装备保障模式。

四、数据应用方面的国内外调研与对比分析

调研表明,欧美主要通过实施体系化的数据标准化管理机制、与硬件并重的软件研发机制、统一规范的数据共享机制和产品二次开发机制等,推动观测数据效益的充分发挥。

一是数据标准化机制。通过建立通用统一的数据标准化管理机制推动观测数据全国适用。美国主要通过跨机构气象协调办公室推进联邦层面气象观测和数据标准化工作,包括气象装备、观测规范、气象数据和元数据标准等,这些标准适用于所有联邦机构;欧洲通过建立气象观测通用数据标准,注重从数据端的标准化管理实现各成员国数据的交换和产品的二次开发。

二是软件研发机制。欧美日韩等国家/地区均非常重视软件研发。欧美通过由政府主管机构主导开发开源软件工具、统一的算法开发平台(雷达公共业务开发环境 CODE、通用社区物理包 CCPP、多任务算法与分析平台 MAAP)等,推动可移植性、互操作性,以及数据共享共用和相关算法开发集成与验证评估。美国天气雷达控制软件由厂家和气象局联合研制,产品软件由雷达业务中心独立开发,信号处理器及算法由第三方供应。欧洲雷达来自多个生产厂家,雷达端软件一般由厂家负责,各国用户基于数据共享标准进行二次产品开发。韩日等国雷达装备以引进国外先进装备为主,十分重视雷达应用算法和运行控制软件的研发,设有雷达中心等专门机构从事研发。

三是数据共享机制。通过由政府主管机构主导开发开源软件工具、算法平台等推动数据共享共用。在国家数据政策的框架下，通过统一规范的开放获取或成本回收服务等方式推动资料开放，并建立完善的分级分类质量控制体系和数据质量评估业务。

四是产品二次开发机制。欧美均对观测产品二次开发有长期稳定的经费投入和科研创新力量。美国NWS和强风暴实验室联合成立中尺度气象合作研究所，设立雷达技术研发项目，提供研究经费和科学家薪资；NWS还与多家大学、研究所联合建立7个天气雷达试验基地，建有S/C/X等机械扫描和相控阵雷达试验平台，开展新技术研究、试验、转化等工作，这些举措为产品二次开发奠定了扎实基础。

相比较而言，目前我国已经初步实现了气象基本要素站点、格点、三维一张网，重要天气自动识别格点化一张图；多源数据融合分析等关键技术也取得显著进展，并研发全球海表温度和中国区域降水、陆面、三维云等实况分析产品，全国遥感综合应用体系逐步形成。但总体来讲，还存在数据深度研究利用体系不健全、对软件开发重视不够、数据资料同化和二次开发不够、数据效益尚未充分发挥等问题。究其原因，一是部门内外缺少共享数据、共享算法的平台，缺乏对算法等的评估与比较；二是成果转化途径不多，转化流程不完善；三是行业数据共享机制尚未建立，数据开放动力不足。为解决上述问题，结合我国国情，可合理借鉴数据标准化管理机制、产品二次开发机制和软件研发机制，强化观测数据统筹管理，推动数据效益最大化。

五、从机制层面推进我国气象观测业务高质量发展的思考

在上述调研分析的基础上，基于我国国情和气象观测发展实际，提出以下几点思考与建议。

（一）坚持创新驱动发展理念，构建新型装备标准化研发体系

统筹重大工程建设与装备研发，滚动制定装备发展清单；优化调整气象工程投资结构，持续开展重大气象工程项目储备研究，储备实施一批"长中短、大中小"功能化工程项目。

坚持"需求主导"，构建由"中国气象局主导，多家企业参与"的装备研发机制与"装备先试、数据先用、建网先评"的研发流程；建立成果遴选、检验、中试、反馈、评估与改进标准，形成符合业务需求的标准化、模块化装备；探索制定科研向

业务转化的分级政策与考核指标,推动科技成果转化。

围绕"一带一路"建设需求,推动国产装备"西进南下",开拓国际市场,并为我国重要企业和基础设施建设提供气象保障。

（二）统筹观测站网布局建设,构建常态化需求评估业务体系

建议成立气象观测协同发展领导小组,构建国家与地方、行业与社会的统筹发展机制;加强省级探测中心和市级的气象观测人才培养,在站网规划前期更多吸纳市、县人员参与。

加强观测与预报互动,联合高校与科研院所构建常态化观测站网需求和能力滚动评估业务体系;加强站网评估人才队伍建设和经费投入力度,统筹研发观测系统试验（OSE）、观测系统模拟试验（OSSE）和观测敏感性（FSO）技术方法,定期发布评估报告。及早谋划和统筹"十五五"气象观测站网的科学合理布局。

（三）推进装备保障向质量保障转型,构建质量保障全流程体系

加快装备保障业务转型发展,建立分级分类的质量保障制度。厘清部门保障和社会保障的职责边界,完善国家级、省级保障机构职责定位,充分发挥市级观测保障人员作用。可以考虑谋划与国家发展和改革委员会、住房和城乡建设部联合发文,推动地方政府把探测设施运维保障经费纳入地方防灾减灾公益性行业一般性财政支出。针对不同种类的观测装备,明确其差异化保障方式。

强化可预防性质量保障,推动保障技术智能化发展。推动观测质量保障工作前置,研究制定可预防性质量保障功能需求。充分应用人工智能、大数据、物联网等信息技术手段,强化对观测装备的健康管理。强化装备保障的评估和监督业务建设,为保障机构提供统一交流平台。

（四）强化观测数据加工和二次产品研发,构建开放协同的气象创新生态

建立部门主导的产品研发众筹机制。深入推动实施《气象观测技术发展引领计划（2020—2035年）》,探索构建"众筹"研发模式,持续提供经费支持关键问题和瓶颈问题研究。

完善观测数据加工和二次产品开发机制。研究制定观测数据加工和二次产品研发指导意见等政策文件,明确其业务定位、发展思路、主要内容与重点任务。主导开发通用的开源软件开发环境和可移植性、互操作性强的算法平台,建立"产学研用"相结合的观测技术创新联盟。统筹建立数据分类分级管理体系,强化数据共享。

全国气象预警叫应机制建设调研报告

翁向宇　　杨继国　　王佳禾　　刘丽媛　　回天力

（中国气象局公共气象服务中心）

气象预警叫应机制是基层气象防灾减灾实践的宝贵经验总结，也是中国气象局贯彻落实党中央关于"两个坚持、三个转变""预警信息发布到村到户到人"要求和落地基层气象预警信息"最后一公里"的重要举措。调研组以全国预警叫应信息共享业务建设为契机，通过信息采集、现场调研、问卷调查、会商研讨、文献调阅等方式，调研了全国气象预警叫应机制建设情况，并从机制提出背景、建设情况、服务成效、存在问题以及对策建议5个方面进行讨论。

一、气象预警叫应机制提出的背景

（一）党中央提出新时代防灾减灾新理念

习近平总书记于2016年在唐山调研考察时，首次提出"两个坚持、三个转变"的新时代防灾减灾新理念，强调坚持以防为主、防灾救灾相结合，努力实现从注重灾后救助向注重灾前预防转变。《中共中央 国务院关于推进防灾减灾救灾体制机制改革的意见》中要求"充分利用各类传播渠道，通过多种途径将灾害预警信息发送到户到人""有效解决信息发布的'最后一公里'问题"。2023年8月17日，习近平总书记在中共中央政治局常委会上指出，要精准预警响应，进一步加强气象预警与灾害预报的联动，突出临灾预警，做好点对点精准预报和滚动更新，强化预警指向性，落实直达基层防汛责任人的临灾预警"叫应"机制，加强预警和应急响应联动，落实应急预案行动措施，把握工作主动权。同年12月，总书记对低温雨雪冰冻灾害防范应对工作作出重要指示，要求密切关注天气变化，加强监测研判，及时发布预警预报信息。有关地方和部门要压实责任，细化防范措施，全力做好突发险情应对处置，确保人民群众安全温暖过冬。

（二）气象预警叫应机制发端于基层实践

在全球气候变暖的背景下，近年来我国极端灾害天气频发。全国气象部门坚持"人民至上、生命至上"的理念，不断在防灾减灾实践中创新工作方法。预警叫应机制是通过预警发布部门"叫"和基层应急责任人的"应"，将预警信息直达基层的临灾预警机制，实现预警信息迅速有效传达，使得基层及时组织群众避灾避险。贵州是全国唯一没有平原的省份，地形复杂，暴雨落区预报难，突发暴雨又多发生在夜间，河流汇流快，水位暴涨陡落，群众转移难度大，风险高。面临严峻的防汛形势，2010年，贵州省气象局率先创新探索建立强降水"三个叫应"服务制度，通过"强迫式"叫应各级党政领导和基层信息员，为地方政府部门防灾减灾救灾争取宝贵时间，及时转移群众、避免人员伤亡，把握气象灾害防御主动性。

（三）示范引领向全国推广叫应联动机制

中国气象局对预警叫应机制建设高度重视，将其纳入气象灾害监测预报预警服务的重要组成部分。2020年，全国推广学习贵州省平塘县政府的强降水天气"三个叫应"服务制度。2022年，联合应急管理部发文，提出直达基层责任人的气象红色预警叫应机制；印发《气象预警制作发布与应急响应联动工作能力提升工作方案》，强化直达责任人的预警"叫应"机制，要求各级气象部门发布暴雨、台风、强对流天气等气象红色预警信息，应第一时间电话报告本级应急责任人。2023年，陈振林局长在全国气象工作研讨会上强调"健全气象预警为先导、具有政府法规约束性的部门应急响应联动机制，推动气象灾害多部门风险研判和综合调度，完善重大灾害性天气叫应服务"。

二、全国气象预警叫应机制建设情况

（一）预警叫应机制实现各省全覆盖

全国各级气象部门学习借鉴贵州做法，结合本地实际情况和防灾减灾实践经验，探索建立健全预警叫应服务机制。31个省（区、市）印发了预警叫应相关服务指导意见或流程标准规范，除了北京统一全市、区叫应服务规范外，其余30个省（区、市）的市县气象局均出台了本地叫应服务规范标准。调查结果显示，全国31个省（区、市）、320个市和2228个县建立了本地预警叫应机制，开展了叫应业务，部分市县预警叫应服务直达县镇应急负责人，基本实现全国市县气象预警叫应服务全覆盖。重庆、广东、江西、海南、江苏、浙江、贵州等 13 个省(市)实现了全省(市)预警叫应服务一体化平台建设,提高了叫应服务工作效率。

(二)制度建设确保预警叫应出实效

各地气象部门积极联合政府部门出台制度规范,全力推动预警叫应机制落地。贵州将"三个叫应"部门行为上升为政府规章,建立了落实防汛抗旱各级政府领导包片分工负责制,压实省、市、县、乡、村五级转移避险"包保"责任,并在此基础上实现了扁平化"叫应"。山西、湖南的市县级气象局通过气象灾害应急指挥部发文建立叫应制度,落实预警叫应、部门联动响应机制。浙江省气象局联合省应急管理、自然资源、水利等部门出台预警和应急响应联动工作指导意见,强化红色、橙色等高级别预警信息"叫应"制度落实。重庆市气象局深度融入地方政府部门,通过重庆市预警发布系统自动联动当地政府部门、乡镇政府发布预警信号和应急响应措施指令,并叫应有关部门负责人。

(三)因地制宜建立各地预警叫应标准

各级气象部门坚持"一地一策"原则,制定预警叫应标准和工作规范。调研结果显示,大部分省(区、市)开展内部和外部叫应业务。从叫应启动标准看,有31 个省级、267 个市级和 1999 个县级以预警信号为标准启动叫应服务,叫应预警包括暴雨、强对流、台风、大雾、道路结冰、气象干旱等 50 种,主要以红色、橙色预警作为标准,天津、河北、西藏等 21 个省(区、市)同时以黄色、蓝色预警为启动标准,不同级别预警叫应启动标准的部门情况详见表1,其中重庆市省级、县级的叫应启动标准包括地质灾害气象风险、城市内涝气象风险等其他无级别预警。北京、河北、福建、海南、重庆和西藏 6 个省级和 95 个市级、640 个县级还以降水、风速和能见度等天气实况为叫应启动标准。大部分地区根据与相关部门商定的叫应方式开展服务,主要包括电话、语音外呼、微信群、短信、传真等,山西等省提出采用微信群叫应要在 5 分钟内回应,否则开展电话叫应等要求。

表 1　全国各部门不同级别预警叫应启动标准情况　　单位:个数

单位	红色预警	橙色预警	黄色预警	蓝色预警	其他预警
省级	19	17	3	2	1
市级	265	211	43	18	0
县级	1565	1237	255	162	97

（四）全国预警叫应初步实现信息联通

为加强全国预警叫应服务信息共享、实时评估和服务监督等管理能力，国家预警信息发布中心牵头，国省联动开展直通基层的全国预警叫应服务信息共享业务建设。目前已建立国家级的全国预警叫应信息实时共享平台，为全国气象临灾预警叫应服务从"天气监测、预警叫应、部门联动、灾情直报、复盘总结"的全链条业务和透明化管理提供技术支撑。经统计，全国各省（区、市）建设的叫应联动数据上报平台，有13个省（区、市）采用"自动上报＋人工填报"方式，18个省（区、市）采用人工填报方式；有24个省（区、市）将叫应联动服务数据上报平台建设和业务开展纳入全省业务考核指标。全国340个省、市、县三级的气象部门应用全国预警叫应信息共享平台后反馈了对平台的评价，有294个单位认为平台好用，2个单位认为平台不好用，44个单位认为平台一般，平台用户好用率评价为86.5%。

三、全国预警叫应联动机制建设成效

（一）预警叫应机制基层发挥真实效

据全国预警叫应信息共享平台显示，2023年，全国气象部门共叫应4.7万余次，单独叫应党政机关负责人约18万人次，群叫应党政机关负责人约2万人次，叫应行业部门37万次，行业部门联动4.9万余次，出现灾情622次。基层建设落实预警叫应机制在2023年气象防灾减灾服务中发挥真实效。7月，重庆市酉阳县气象局在强降水事件中，电话叫应县党政领导5次、县分管领导14次以及各部门、乡镇60余次；县委、县政府组织紧急调度4次，全县紧急避险转移477人，无人员伤亡。陕西省西安市蓝田县在入汛后出现的3轮致灾性强降雨过程中，通过气象局扁平化呼叫应答，地方政府及时转移避险群众4609户1万多人，实现了人员"零伤亡"。河北省保定市涞源县气象局通过电话、短信、微信等方式传播预警信息，助力全县受灾6个乡镇16个村的44户共97人安全转移。

（二）全国预警叫应推进数字化管理

国家预警信息发布中心牵头，国省联动推进叫应服务数字化转型，深化构建全国预警叫应服务业务，打破全国各级预警叫应防灾减灾信息壁垒，实现防灾减灾的业务透明化管理,助力重大灾害天气打响"发令枪"。一是众创打造全国预警叫应信息共享共用平台,发挥信息化创新驱动作用。二是研发基于阈值智能判别方法的实况、精细化预警、临灾叫应、联动和灾情的一体化融合产品,提升防灾减灾业务透明化管理能力。三是打造"一平台二规范三模式"业务快速迭代推动机制,确保全国叫应信息报送业务迅速运行见效。四是首次构建全国范围内可普遍适用、可量化指标的预警叫应服务数字化标准库,为叫应服务科学规范管理提供基础支撑。五是实现预警叫应服务可量化指标全自动计算,为重大灾害快速复盘和评估能力提供支撑。

四、全国预警叫应机制建设存在的问题

目前,部分地区预警叫应机制建设还处在起步或发展阶段,机制建设、工作推进等方面仍存在一些问题或不足。

一是落实预警叫应"叫得应"与做到被叫应部门积极响应,有效推进防灾减灾的期望仍存在一定差距。气象部门探索建立以预警为先导的应急响应机制,将预警由"信息发布"变"拉动响应",但尚未融入叫应联动响应机制。在预警叫应实践过程中,部分地方气象与地方政府缺乏责任划分、应急联动等制度保障,难以全面形成协调联动防灾减灾合力。例如,部分地方存在政府部门对叫应不理解或感到厌烦等现象,导致有"叫"无"应";部分地方响应"走形式",收到预警叫应并发文件通知,未落实预警有效传达"到村到户到人",出现受灾群众没接到任何灾前预警或撤离通知,错过避灾宝贵时间的现象。

二是落实预警叫应"叫得好",但"叫应过度"的现象依然存在。一般情况下,在突发性、极端性强,救援时间紧迫的强降雨、强对流、暴雪等灾害过程,叫应作为预警发布辅助服务发挥了关键作用。目前全国气象预警叫应启动条件包含了低温、气象干旱等50种预警种类,全国约700个气象部门将黄色、蓝色等预警信号作为叫应标准,部分地区叫应服务范围规范针对性不强,一次叫应大面积开展,以上情况都容易造成"叫应过度"现象,可能导致地方防灾减灾成本增加、地方政府部门对气象预警叫应的信任度降低,甚至质疑服务科学性。

三是落实预警叫应服务信息化建设工作推进,服务信息化和信息报送自动化等技术支撑能力不足,基层叫应服务负担加重。经调查,部分地区叫应服务和信息采集、传输自动化程度较低,个别省尚未建立全省统一预警叫应服务平台,叫应服务和信息采集、传输业务工作效率较低。部分地区已实现自动语音叫应服务,但向部门责任人的叫应,特别是局领导叫应本地党政负责人等叫应服务,

信息采集、传输仍需值班人员人工采集、填报。基层气象防灾减灾任务重，往往无法按时完成预警叫应服务信息上传，人工填报信息增加了基层负担。如何利用自动化技术实现高效采集、传输人工电话叫应服务信息，人工电话叫应服务信息化和传输自动化建设亟待解决。

五、完善预警叫应机制的对策建议

为贯彻落实党中央有关预警叫应要求，切实将全国各级预警叫应机制建设工作做实，在防灾减灾中取得成效，结合存在问题或不足提出如下对策和建议：

一是健全预警叫应联动机制，推动气象与政府部门形成协调联动防灾减灾合力。建立与地方政府、部门和企业等叫应对象的联动响应和定期协商机制，结合用户诉求，健全重大灾害预警叫应机制，完善预警叫应流程规范，明确预警层层传递的部门职责，细化叫应联动响应责任，确保预警信息到村到户到人，预警覆盖"百分百"，切实解决预警落地"最后一公里"问题。

二是以需求和问题为导向，细化预警叫应启动标准，推动开展精准精细预警叫应服务。建议气象部门充分调研地方政府、部门和企业等叫应用户的防灾减灾服务需求，分析叫应服务存在的问题和不足。结合前期开展的灾害风险普查成果以及暴露度、脆弱性等地方灾害风险，按照预警叫应属地化原则，优化本地预警叫应启动标准，提高服务敏感性，提升精准预警叫应能力，增加叫应服务提前量。

三是大力推进全国预警叫应服务信息化能力建设，促进基层预警叫应全流程服务提质增效。基于现有预警叫应机制建设和叫应信息报送业务，分析预警叫应服务存在的问题、堵点、痛点，加强预警叫应服务信息化、信息报送自动化技术研究，提高预警叫应工作效率。开展预警叫应服务信息质量检验评价、预警叫应服务效果评估研究，监控分析气象预警叫应和政府协调联动服务全链条，提高叫应工作效率，提升服务质量，检验服务有效性，减轻地方防灾减灾成本，推动基层预警叫应服务高质量发展。

探索新能源气象服务新模式，守护能源安全助力"绿电"发展

——提升新疆新能源气象服务能力调研报告

张永刚　薛　洁　尚卫红　李缘红

（新疆维吾尔自治区气象局）

新疆风能和太阳能资源储量占全国第二，作为国家大型清洁能源基地，现有新能源规模大约 5000 万千瓦，预计到"十四五"末达到 8000 万千瓦以上规模，为未来新疆新能源发展以及气象服务发展带来前所未有的契机。对此，自治区气象局党组决心抓住机遇，落实中国气象局党组关于应对气候变化与"双碳"战略实施中强化气象科技支撑的决策部署，推动气候资源价值转化，促进气象社会服务现代化，赋能国家新能源高质量发展。

一、调研情况

（一）调研对象

自治区相关厅局、新能源管理部门、全疆各级气象主管机构、新能源企业及疆外相关省（区、市）。

（二）调研方式及方法

一是集中调研。2023 年 4—6 月，深入喀什、克拉玛依、哈密等 7 个地（市）开展集中调研，召开 8 场座谈会。赴黑龙江、海南等省开展新能源专业服务调研。

二是实地走访。陪同中国气象局领导到华电、华能等公司走访调研；深入中核、三峡电力等 25 家大型企业了解新疆新能源行业气象服务需求和合作前景。

三是联合调研。与自治区安全厅、发改委，以及国家能源局新疆监管办对接，深入 31 家新能源企业的 61 个站场开展新能源企业气象探测联合调研检查。

四是问卷调查。在全疆 15 个地（州）共计发放调查问卷 1500 份，回收有效问卷 1453 份，全面了解全区新能源气象服务现状、政府及相关部门落实相关法律法规的情况、相关企业对气象服务的需求。

二、新疆新能源企业及新能源专业气象服务现状

（一）新疆风、光电新能源企业高速发展

截至 2023 年，新疆年内新增新能源装机规模达 2011.8 万千瓦，新增并网规模位居全国第一。通过对国网新疆电力公司能源大数据中心的调研显示，2023 年新疆新增并网新能源装机规模是 2022 年同期的 13.9 倍，其中，风电装机 522 万千瓦、光伏装机 1489.8 万千瓦。从新疆各地新能源发展来看，新能源装机规模排名前三位的依次是喀什地区、阿克苏地区、昌吉回族自治州。从各地（州、市）新能源发展来看，南疆五地（州）增速最快，新增新能源规模 1028.3 万千瓦，占同期新疆新增新能源规模的 51%，是 2022 年同期的 19 倍。

（二）新疆新能源利用率水平前景广阔

截至 2023 年，新疆电网总装机规模 137879 万千瓦，新能源装机规模 6203.8 万千瓦。其中，风电装机规模 3136 万千瓦，光伏装机规模 3067.8 万千瓦。预计到 2025 年，新疆新能源并网装机有望达到 11600 万千瓦以上，超过新疆能源总装机规模的一半，风、光项目装机将成为新疆新增装机的主要来源。受常规能源新增规模逐年放缓等因素的影响，高峰时段最大用电负荷已超过常规能源最大发电能力，电力供应保障严重依赖新能源电力。目前，在国家的大力支持下，新疆各地加大了招商引资力度，一些新能源企业正在加紧建设之中。

（三）全链条气象服务布局新能源企业

新疆气象部门承接了中核等新能源项目资源分析和微观选址服务，积极开展新能源企业气候可行性论证，累计完成 276 个场站成果移交，进度占比 47%。推进新能源企业使用专用气象技术装备，承接华能、华电、中核等 5 家企业光伏环境气象站作为试点设备的安装服务。积极开展新能源企业风、光功率预报服务，努力提升超短期预测准确率。推进新能源企业防雷检测，对全疆 507 家新能源企业开展防雷检测，进度占比 86%，减少因雷电灾害造成的发电故障，保障发电系统运行安全。

三、新疆新能源领域专业气象服务中存在的问题短板

一是风、光发电企业的场站选址对气象服务需求较高，气象服务在电力端选址缺乏经验。多年来主要是电力设计部门或私人服务企业以电力端标准为核心进行选址，导致很多项目建成后遭受极端天气破坏，损失巨大。气象服务介入晚，部分新能源建设项目选址立项时未充分考虑气象安全风险造成较大损失或影响生产效益。例如 2022 年 11 月 27 日，库车绿氢大型光伏工程在建设过程中遭受局部强风袭击，造成大面积建成的太阳能板被损毁，直接经济损失达数亿元。后经专项调查，该项目的选址未提前征求气象部门的意见，虽然后期补做了气候论证，但没有采取相应的预防措施和改进措施。

二是新能源项目使用的气象设备大部分为国外生产或者非气象专用技术装备，气象探测数据非法传输到境外的现象较严重。新疆风、光电项目开发主要由西北某设计院和新疆某设计院承担，两个设计院长期与美国 NRG 公司、芬兰公司合作，以较低价格占领新能源气象探测设备市场。光伏环境气象站几乎都是非标设备，数据真实性较差，相关气象探测设施未落实定期检定，数据严重失真。风电采集的原始气象数据大多数直接发往位于美国、西班牙等国外的服务器。有些竟然把气象观测站安装在国家战略军事敏感区，给国家安全带来严重威胁。

三是风、光功率预报主要依赖西班牙、日本以及欧洲数值预报模式。新能源企业主流功率预报服务企业主要有国能日新、东瑞环能、金风科技、国电南瑞、兆方美迪等，市场份额占比达 90%。国内的几个数值预报准确率和稳定性均达不到电网考核的要求，无法在短时间实现完全国产化的功率预报服务。新疆气象局引进的湖北功率预报系统在短期功率预测中优势明显，但在超短期功率预测中表现不够稳定，大规模推广应用仍需进一步研究和实验。

四是新能源气象服务队伍竞争力不强，服务产品科技含量偏低、创新不够。新能源气象服务队伍综合能力不足，尤其地（州）专业气象服务多为中级以下技术职称工作人员，县局多为兼职人员，缺乏高素质的技术人才队伍；新能源气象服务经验不足，缺乏专业气象服务的营销人才，潜在的服务需求没有得到充分挖掘，新领域新用户的开发力度不够；新能源气象服务激励考核机制不健全，缺乏有利于激发专业气象服务活力的相关激励机制、管理考核机制；新能源气象服务产品科技含量不高，提供的服务产品与新能源发电行业特殊需求有差距，服务产品科技含量偏低、创新不够。

五是气象服务投入亟待提速。风资源项目前期论证需要建设 20 米、50 米、

70米梯度观测塔,而新疆气象部门因资金等受限,在一些已运行或前期论证的项目中,介入均为空白,目前这些项目均由企业自行建设,一方面对气象资料安全影响较大,另一方面也影响精细化服务供给能力的提升。

四、对策建议

坚持法治思维,加强法规标准体系建设,营造良好的新能源气象服务政策环境。一是落实自治区"五大战略定位"和"八大产业集群"战略,以高质量新能源气象服务助力国家新能源基地建设。二是建立健全新能源气象服务法规体系,扎实推动《新疆维吾尔自治区气候资源保护和开发利用条例》《新疆维吾尔自治区气象灾害防御条例》贯彻实施,加快推进《新疆维吾尔自治区气象监测设施统筹规划建设和资源共享管理办法》出台。三是联合相关部门健全新能源气象服务的标准体系,推动《新疆电网气象灾害差异化预警方法》等4项新能源气象服务相关的地方标准制定。四是完善新能源气象服务激励考核制度,推动出台并严格落实《专业气象服务科技发展基金管理办法》《科技成果转化办法》等管理制度。

坚持目标导向,强化新能源气象服务的科学研究。一是大力开展新能源行业专业气象服务科学研究,用好用活专业服务产品科研基金,落实技术研发、服务产品、成果转化等政策,激发科技活力。二是推进新疆空中云水资源开发利用创新研究院建设,联合中国农业大学、南京信息工程大学等高校开展新能源专业服务科学研究。三是建立气候可行性论证、风光功率预报2个专业气象服务创新团队,2个市场服务团队,将市场、服务产品、技术团队紧密结合,强化合作出效益,形成新能源服务"前店后厂"发展模式。四是设置专业气象服务首席岗,推动新能源服务的"产学研"结合模式,打造一支"专、精、尖"的服务队伍,为专业气象服务提供强有力的支撑。五是加强灾害性天气的监测预报预警能力,健全新能源气象服务体系,及时为新能源企业提供灾害性天气的预报预警信息,做好气候背景、气候资源条件、灾害性天气影响分析等气象服务,为新能源企业安全生产保驾护航。

坚持问题导向,深化"放管服"改革,推动新能源企业落实安全生产主体责任。一是融入自治区安委会电力等7个自治区安委会成员单位,提升自身地位和部门形象。二是推动自治区安委会下发《关于进一步做好全疆防雷安全工作的通知》,推动各级人民政府、厅局和重点企业提前做好防雷工作,严格落实责任,健全防雷安全管理体系,加强监督检查,提升防雷安全工作合力。三是以气象数据安全为抓手,推动气象行业管理。联合自治区国安、工信等部门报送的新能源气象探测数据安全领域存在失泄密风险和风电场气象设备数据安全工作相关情况的报告,分别获得自治区相关领导批示。国家能源局新疆监管办发文《关于对光伏、风力发电企业气象活动开展联合检查的通知》,联合安全厅发文《进一步做好涉外气象探测管理工作实施方案》,会同发改委、国安、工信、国家能源局新疆监管办等开展涉外气象探测专项检查,推动新能源企业使用气象行业标准、规范,探索气象部门监督协调能源行业自建气象探测设施的方法路径。四是将气候可行论证、行业气象台站备案等13项新能源气象服务事项纳入自治区政务服务平台,全面提升服务效能。

坚持大局意识,配合自治区发改委开展风、光能源资源普查,开发新能源资源普查信息管理系统,为新能源发展把好脉。由于新疆新能源的大发展,配合发改部门开发能源综合信息系统,为政府及相关部门提供详细的技术支撑。通过规范新建项目标准化的气象探测活动,收集可用率高的气象数据,优化模式算法,完善系统功能。

坚持创新意识,发挥行业体制优势,加大与其他省(区、市)气象局、中国气象局直属单位沟通合作和技术交流,健全国、省、市、县新能源专业气象服务联盟,全面提升新能源专业气象服务能力。一是科学统筹、上下联动,建立健全新能源专业气象服务大联盟机制,发挥联盟一体化优势,充分调动国、省、市、县四级气象部门动力。二是以市场需求为导向,健全科学分配机制,打造以市场营销团队联盟,以全国新能源大发展为机遇,大力开拓新能源行业专业气象服务领域,推动新疆气象、新能源协同高质量发展。三是加强与华云公司协作,强化气象数据监测与质量系统研究,合作研发雷电灾害预警系统,为新能源企业实现实时自动雷电灾害预警,提高预警服务能力。四是与南京信息工程大学合作开发风光功率预报系统。五是与中国气象局公共气象服务中心合作,推进国、省两级系统对接,实现系统互联互通,进一步提高气象服务智能化水平。六是发挥各级气象部门服务的主动性,全方位参与资源评估、选址开发、气候可行性论证、设备换型等新市场,以及日常预警等新能源气象服务。

坚持服务意识,健全部门协作机制。一是通过加强与各级政府、部门及企业间的密切合作,共同开拓服务范围,采取技术引进和优化等措施,积极拓展新能源气候可行性论证、气候资源评估、微观选址、设备检定、气象数据分析、软件开发等专业气象服务领域。二是积极研发新疆电力气象服务专网,融入电力部门防灾减灾平台。三是集约开发"丝路气象"APP,打造专业气象服务平台,通过精细服务新能源企业,当好能源保供"好参谋"。

坚持安全意识,统一规划行业台站建设,强化企事合作,共同维护气象数据安全。一是推进新能源气象监测站点布局统一规划,落实新能源行业气象探测设施使用符合国家标准或者行业标准气象专用技术装备,推动将气象探测数据纳入气象灾害监测信息网络,实现气象信息资源共享。二是强化与国安等部门的协同监管,从根本上维护气象数据安全和国家安全。三是加强与新能源央企交流合作,尤其在新能源气象探测活动和气象数据安全管理方面加大合作,落实落地合作项目的同时带动相关省份共同参与,共同维护气象数据安全。

坚持规范意识,建议从国家局层面进一步强化新能源专业气象服务高质量发展机制体制的顶层设计,加强与国家调度中心合作。随着国家"双碳"目标的进一步实施,新能源发展进入了高速发展阶段。建议不断修订完善涉及新能源气象探测活动的法律法规和技术标准,将涉及气象探测活动的相关规定与能源部门和电力部门的法律法规及技术标准进行衔接。加大气象科普以及气象安全的宣传,加大科研成果的转化和应用。

气候变化工作调研报告
——气候变化高质量发展现状、问题及建议

段海来　余建锐　徐新武　陈　超

（中国气象局科技与气候变化司）

对标对表气象高质量发展纲要、气象科技能力现代化和社会服务现代化要求，气象部门气候变化工作在基础能力、关键技术、创新环境、综合服务、人才队伍等方面存在较大差距和不足，主要体现在：关键区综合监测基础薄弱；高分辨率精细化区域气候模式和风光专业模式以及综合评估模式等核心技术与国际先进水平还有较大差距；开放创新型科技平台缺乏，人才队伍领军和中坚力量薄弱；气候变化服务"落地"不够，区域发展不平衡不充分。

综合考虑短期目标和长期远景，建议短期目标聚焦基础与核心能力提升，完善举措强化创新与联动，完善体系建设，突破气候变化预估和早期预警等关键技术，推动具有扎实工作基础的系统和产品研发进入高水平发展轨道；长期以模式研发、综合服务和人才培养为目标，通过任务和团队建设紧密耦合，稳定支持，实现质的突破。

建议近 3 年重点组织做好青藏高原、温室气体精细化监测能力提升以及高精度的气候变化预估产品和早期预警技术、风光资源预估和功率预报产品、碳排放评估与核算产品、长序列气候数据集产品等研制，探索跨部门、跨领域的气候变化创新平台建设，保障气候变化科技资源多元化投入机制，固底板、锻长板、补短板，系统推进应对气候变化工作再上新台阶。

面对气候变化新形势、新需求和气象事业高质量发展总体要求，科技与气候变化司通过多种方式加强对国省工作调研分析。赴天津、山东、湖北、广东、甘肃、西藏、青海等省（区、市）气象局实地调研，利用气候变化高质量发展专题培训、区域和改革试点省气候变化工作座谈、区域气象中心和青藏高原气候变化工作交流等契机，结合"十四五"应对气候变化规划中期评估和气候变化工作问卷调查、组织编制气候变化科技发展年度报告等形式，重点围绕气候变化工作体系、科技水平、服务能力、创新环境等方面深入分析，系统梳理了问题和高质量发展的发力点。

一、气象部门气候变化工作体系处于初步建成阶段

(一)气候关键区域的观测体系能力稳步提升

目前我国已建成全球规模最大的气象观测系统,气候系统观测能力持续提升。全国地面气象观测站乡镇覆盖率达99.6%。在18个省(区)建设了27个国家气候观象台;关键气候区大气本底观测全覆盖个数为8个;建成温室气体观测站117个;9颗风云气象卫星在轨运行。气候变化数据产品不断丰富。

(二)重点区域和关键领域的气候变化科技水平不断提高

随着国家应对气候变化和"双碳"目标的深入实施,由中国气象局领导挂帅的气候变化工作领导小组持续发力,抢抓战略机遇,积极推动发展气候变化影响和风险评估等关键能力,面向重点行业和领域的评估体系建设实现国省并进、加速发展。国家级单位的气候变化预估和风险评估产品、碳排放核算系统及产品、风光水可再生资源利用服务产品研制取得重大进展。国家级气候变化公报产品实现量、质双升,新增极地监测公报、卫星监测公报、科技进展报告等新产品。国家级气候变化工作集中体现了科技创新拉动的成效,支撑服务水平再上新台阶。省级创新能力在需求中得到快速提升。在农业领域,黑龙江加强气候变化对黑土退化、粮食生产影响评估,陕西推进果树精细化种植气候区划。在能源领域,湖北建立风光水联合调度模型,开展风光场站的集群功率预测。在水资源领域,甘肃聚焦西北暖湿化的协同影响,河南开展气候变化对黄河流域水资源影响评估。在生态领域,青海拓展气候变化对高寒生态系统评估。在城市领域,上海、广东开启超大城市气候风险评估。在人群健康领域,天津、上海推进大气污染的健康风险评估,广东加强气候变化对气候敏感性疾病影响评估。在经济领域,浙江开展气候变化对海洋经济的影响,广东探索碳标签评价。在建筑领域,天津深化气候变化对城市建筑节能影响评估。在交通领域,四川开展川藏铁路气候变化风险评估。在宜居与适应领域,北京率先开展国土空间规划气候可行性论证服务,加强城市韧性发展评估。在海洋领域,广东深化海平面上升对咸潮影响评估。在旅游领域,辽宁拓展东北地区冰雪资源评价。在碳核算领域,广东建立华南区域碳源汇数值模式评估系统,海南开展海洋碳汇监测评估。在气候资源领域,重庆开展气候资源经济转化。在新事实新趋势领域,上海开展高分辨率气候变化预估。

（三）服务国家与地方决策咨询能力得到多维度提升

"十四五"期间，决策咨询报告等获得省级以上领导批示数量增长45％。高质量指标评价显示，有19个省份公报和评估报告指标得满分，多项报告获得政府批示采纳，实现了良好的社会效益。26个省份开展了场站级和区域级的风能太阳能发电功率预报服务，拥有本省的能源电力专业预报预警类产品。近5年对全国700多个开发区、2900余项重大规划和重点工程项目开展了气候可行性评估。"十四五"以来，评定了49个"中国气候宜居城市"、37个"避暑旅游目的地"、121个"中国天然氧吧"、11个"中国气候好产品"，15个省开展了气候品质认证工作。

（四）气候变化创新环境逐步迈向协调完善

在中国气象局党组的领导下，全国一盘棋统筹推进气候变化工作，强改革、调结构、促创新，构建"三动"工作机制，营造良好创新环境。气候变化工作体系进一步完善：成立了中国气象局气候变化中心、风能太阳能中心、温室气体及碳中和监测评估中心，优化调整8个区域气象中心的职能；积极推进北京、黑龙江、山西、内蒙古、江西、广东、重庆、贵州8个气候变化改革试点省（区、市）加挂气候变化中心牌子，推动省部合作，加强青海应对气候变化气象先行先试省建设。优化创新环境，在国家气候中心、天津、上海、重庆、甘肃建立了5个中国气象局气候变化创新平台；青海、河南等联合地方政府部门建立气候变化创新中心；16个省成立了温室气体及碳中和监测评估中心分中心；建立了4个重点创新团队和7个青年创新团队。科技资源实现多元化配置，"十四五"以来，气候变化领域国家级项目支持30余项，中国气象局支持项目60余项，经费支持超1.1亿元；省级气象部门争取气候变化相关项目和资金量较"十三五"末期分别增长36.5％和47％。科研量化成果显著。2022年中国气象局共发表国际气候变化科技论文452篇，仅位于中国科学院、北京师范大学、南京信息工程大学之后。

二、气候变化高质量发展的瓶颈问题

（一）气候变化观测基础和多圈层数据库建设有待加强

气候变化关键区综合观测基础还较薄弱。青藏高原冰冻圈、地气交换、水循环、碳源汇及生态等领域还存在许多监测盲区，卫星遥感技术在青藏高原地区综合观测中的应用不足。海洋综合观测能力不足,东海和南海季风区、西太平洋等重要气候区和关键海域的部分海域还是观测空白区。重要生态系统气象综合观测能力不足,面向地球系统的多圈层观测功能不完善,对生态、气候要素垂直和遥感探测能力不足。高精度、高密度的天地一体化温室气体监测能力尚存不足,23个省份温室气体观测站覆盖度低于50%,6个省份尚未建立业务化的温室气体观测站。

尚未形成具有国际影响力的长序列气候数据集产品。气候数据质量控制、均一化检验与订正、多源数据融合等技术体系有待完善。多圈层基础数据资源体系尚不完善,大气成分、海洋、冰冻、生态等关键气候变量数据及社会经济和下垫面数据收集不足。尚未建立国际认可的全球和亚洲气候变化序列,缺乏高分辨率的城市级气候变化预估数据集。

(二)科技创新驱动能力有待增强,前瞻技术及自主创新研究不够

气候变化关键核心技术的短板弱项仍很突出。体现核心竞争力的高分辨率精细化区域气候模式、风光专业数值预报模式、气候变化综合评估模式等"卡脖子"核心技术与国际先进水平还有较大差距。气候变化风险早期预警等关键技术研究仍待深入开发。省级面向应对气候变化和"双碳"行动的气候变化专业化科技支撑力量仍然不足,适应能力建设的决策支撑不够。面向新兴技术的交叉融合发展技术储备不足,战略科学家和高水平气候变化科技创新平台与人才相对缺乏。对外开放和创新合作力度不够,与院校在人才和科技资源方面的互动有待深化。

(三)气候变化工作"落地"不够,服务能力与迅速增长的需求不相适应

"融入式"服务"矩阵"尚未形成。气候变化服务针对性不强,个性化、专业化程度不高,气候变化在面向新能源、生态环境、人体健康、基础设施等重点领域贡献不足,服务"双碳"目标的靶向还不够精准。跨部门、跨行业的产品共享机制亟待加强,为各级党委政府应对气候变化、生态文明建设、公共安全等方面决策服务的科技支撑能力不足。融入政府部门多,融入市场主体少。在碳交易和气候变化关联度高的金融领域服务支撑明显不足。

(四)区域发展不平衡,工作体系建设仍待完善

区域发展不平衡不充分。西北、西南、东北、青藏高原等区域气候变化基础

仍较薄弱,东部沿海区域示范引领、辐射带动作用未能有效发挥。2022 年气候变化有关工程、科研、建设项目评价指标,有 26 个省份得分低于 60 分,气候变化投入保障机制还未完全建立,缺乏稳定性和连续性。国家、区域、省级气候变化"三动"机制尚有待完善,气候变化科研、业务力量的整合还不够,"单兵突进"向"组团共进"的融合发展新路径尚未形成。"小实体、大网络"、多部门协作的运行机制和业务流程需进一步优化。

三、气候变化高质量发展对策建议

(一)完善气候变化观测体系建设

1. 短期目标建议

增加高精度温室气体观测站覆盖度。加强国家大气本底站建设,实现全国 16 个气候系统关键观测区全要素温室气体本底观测。推动空白省份实现有代表性的观测能力,提高高精度在线观测系统整体质量水平。基于风云卫星等,形成全球大气主要温室气体宽覆盖、高精度、高时空分辨率的动态业务监测评估能力。

推进青藏高原气候变化为研究重点的观测能力建设。加强"十四五"冰川综合观测站建设,增强冻土等要素观测。推进墨脱国家气候观象台等大气野外科学观测研究站的能力建设。

2. 长期目标建议

一是构建青藏高原及周边地区多圈层多要素精细化监测体系。二是提升海洋气候变化监测能力。三是瞄准提高城市气候变化适应能力,组织开展城市边界层、城市碳源汇、沿海城市海陆风等大型科学观测试验,为第七周期联合国政府间气候变化专门委员会(IPCC)计划开展的全球气候变化与城市科学评估提供基础支撑。

(二)优化气候变化创新体系建设

1. 短期目标建议

推进国家级针对行业和领域的气候变化影响与风向评估技术水平,提高气候变化风险早期预警关键技术,升级高精度碳源汇核校支持系统,增强风光功率预报产品预报能力。强化天—空—地长序列自主气候数据集研发,完成气候变化高分辨率预估产品研制,形成具有国际影响力的拳头产品。在稳步提升气候变化监测评估和决策服务整体能力的基础上,推动省级加强高水平气候变化创新平台试点示范。以广东省为试点,打造粤港澳大湾区气候变化与低碳经济发展创新中心,从气候变化与低碳经济角度探索服务"双碳"目标区域行动,抢占国际高地。以湖北省为试点,组建长江流域风光水能气象联合创新中心,重点围绕能源"生产—输送—消纳"开展全过程气象保障服务,推进能源气象服务的数字化智能化建设。以青海省为试点,凝聚青藏高原碳和气候变化监测联盟科技创新平台合力,建设跨行业、跨区域、跨部门产学研一体化的开放型实验研究平台。逐步培养和推进省级有特色的气候变化创新平台建设,打造标志性品牌与服务能力。

保障气候变化科技资源多元化投入机制。一是深挖内潜。持续加强中国气象局联合基金、创新发展专项和气候变化专题项目支持。二是借力发展。以"生态气象保障能力提升与气候变化监测评估"重大工程立项实施为契机,充分协调和发挥好投资效益。三是广开渠道。利用好国家、地方、企业、院校科技投入,持续加强气候变化科研基础能力和支撑保障。

2.长期目标建议

一是强化气候变化模式等关键核心技术攻关。二是强化跨部门、跨学科和与新兴技术的交叉融合创新发展。

(三)健全气候变化服务体系建设

1.短期目标建议

完善气候变化公报体系。在国家级层面,不断完善气候变化监测公报和评估报告。在区域层面,组织开展第三次区域气候变化评估报告,青藏高原气候变化评估报告,京津冀、长三角、粤港澳大湾区等重点战略区域气候变化评估报告编制。在省级层面,完善气候变化监测公报,编制发布省级和大城市气候变化影响评估报告。组织编写高质量决策咨询报告,为国家和地方政策、行动、举措提供科学支撑。

加强气候变化融入式服务。一是走深。围绕气候变化监测评估、气候承载力评估、气候变化风险早期预警等重点任务加强专业服务能力建设。与重点行业、领域和地区开展跨界合作与试点示范。二是走实。联合生态环境等部门开展气候适应型城市应用示范。探索构建具有气候恢复力的可持续城市化发展路径。三是走精。推动"气象+能源"深度融合发展。实施新一轮精细化风能太阳能资源详查;实现新能源规划布局、功率预测、电网负荷预测、风光消纳与安全运行等全链条精细化服务。四是走宽。推进气候生态产品价值实现。推进气候生态产品价值实现机制建设,积极开发利用因气候变化衍生的新型旅游资源,合理开发利用物候景观及避暑康养等气候资源,助力发展特色旅游产业。

2. 长期目标建议

探索气候变化服务行业市场。一是构建碳源汇实时核算、预测体系,提供定制化、精细化、定量化服务。二是为气候有关金融服务提供技术支撑。

(四)完善气候变化工作体系建设

1. 短期目标建议

试点打造区域气候变化发展共同体。试点建立"对口联动"工作机制,充分发挥湖北、广东、上海 3 个区域气候变化中心的示范引领、帮扶指导作用,按照"一对一"帮扶、"一对一"互补的原则,对口支持,形成互惠、共赢、同频共振的发展模式,实现技术、人才、资源、成果共享共用。

2. 长期目标建议

完善国家—区域—省级气候变化工作主动、互动、联动机制。以工程建设为依托,构建完善的科技转化和业务服务平台,并以此为带动,建立业务服务流程、标准规范等,形成优势互补、上下联动、内外协同的高效工作格局。

国家基层气象台站建设标准化调研报告

袁志冬[1] 彭勇刚[2]

（1. 黑龙江省气象局；2. 中国气象局计划财务司）

为全面贯彻习近平总书记对气象工作重要指示精神，加快落实《气象高质量发展纲要（2022—2035 年）》，不断提升国家基层气象台站在整体规模、业务支撑能力、场地设施等方面的持续改善，2023 年，计划财务司项目处就国家基层气象台站建设开展了标准化情况调研。调研组赴安徽、黑龙江、山东、内蒙古、河南、河北、云南、新疆、西藏、青海、陕西和甘肃等省份开展了实地调研，同时针对大城市气象高质量发展"台站建设"评价指标开展了数据调研，并在北京和陕西召开专题会议研讨 2 次。期间，调研组与相关单位深入座谈，实地了解气象基层和群众急难愁盼的问题，推动"学思想、强党性、重实践、建新功"的总要求落到实处。

一、国家基层气象台站建设现状

国家基层气象台站是气象事业发展的基石，是气象现代化建设的重要载体。全国现有 31 个省（区、市）气象局，333 个市（地、州、盟）气象局，2199 个县（市、区、旗）气象局，2427 个有人值守国家级气象观测站（其中艰苦气象站 1213 个，占比 50%），803 个台站属于局站分离，120 个高空气象观测站，299 个天气雷达站（含风廓线雷达），6 个气象卫星地面站，7 个全球和区域大气本底站，27 个国家气候观象台等。截至目前，经过"十二五"和"十三五"期间的投入和建设，全国气象部门台站基础设施质量有所提升，艰苦台站工作环境和生活条件基本改善，对基层气象业务服务运行的保障能力进一步增强；但党建引领作用、精神文明和气象文化支撑环境还需要大幅度提升。

（一）立足战略高度，长远谋划国家基层气象台站建设发展

中国气象局党组高度重视国家基层气象台站建设发展。2006 年印发《国务院关于加快气象事业发展的若干意见》（国发〔2006〕3 号），明确将"一流台站"作

为事业发展的战略目标，2022 年将"支持基层和欠发达地区气象基础能力建设"写入《气象高质量发展纲要（2022—2035 年）》，在谋划气象事业发展的每个五年规划中"提升基层台站能力"都是必不可少的重要内容，近两个五年规划进一步设置专栏，系统部署和实施推进基层台站现代化建设和高质量发展的重大任务及重点工程。

（二）强化顶层设计，科学指导国家基层气象台站建设发展

围绕明确台站业务职责、规范台站设施建设等，中国气象局先后制定出台了《中国气象局关于全面推进县级气象机构综合改革工作的通知》《中国气象局关于印发基层气象机构基础设施建设指导意见》《国家气候观象台建设指导意见》《大气本底站建设指导意见》等一系列重要政策，科学引领不同时期国家基层气象台站的建设发展。同时，为指导国家基层气象台站建设，与气象发展规划工作同步谋划，中国气象局于 2022 年印发了《"十四五"气象台站基础能力提升规划》，为新时期国家基层气象台站建设规划了标准、指明了方向。

（三）夯实基础设施，国家基层气象台站业务用房面貌有所改善

通过分析国家气象台站"十四五"建设需求发现，全国 275 个市、1902 个县气象台站提出的 6412 项建设需求中，迁站新建用房、原址新扩建用房类需求相对较少。经统计，目前观测场搬迁类最少，仅占需求总量的 4.82%；相比之下，国家基层气象台站建设需求更为迫切的是水电暖路配套、观测场基础设施、业务运行支撑设备，以及市县局园区有关围墙、护坡、堡坎建设和环境综合整治等，占需求总量的 50% 以上。

根据对北京、广州、成都、西安等经济相对发达、人口密集度较高、经济社会影响力较大的 41 个大城市的 328 个国家基层气象台站调研发现：70% 以上的市级气象台站业务用房面积不超过 12000 平方米，其中占比最大的是 4000～8000 平方米的市级气象台站，占 34%，其他在 4000 平方米以下的占 20%，8000～12000 平方米的占 17%，超过 12000 平方米的不足 30%。县级气象台站业务用房面积 50% 以上集中在 500～2000 平方米，占比最大的是 1000～1500 平方米的县级气象台站，占 21%。

可见，国家基层气象台站业务用房面貌已有所改善。

（四）建设范围扩容，国家基层气象台站业务平台支撑设备需求突出

通过对浙江、安徽、山东、宁夏、新疆、福建 6 省（区）的 12 个市、11 个县气象

台站业务平面对比分析发现,大部分国家基层气象台站都建有预报天气会商、突发预警服务业务平面、人工影响天气等系统平台和业务工位,市级使用面积在400~800平方米,县级在150~200平方米。上述设备大部分是通过"十二五"时期的山洪地质灾害防治气象保障工程建设完成,大部分气象台站,尤其是西部和中部多数地区的县级气象台站则持续使用10年以上,东、中部少数地区部分台站通过地方经费进行了设备的更新。

通过分析国家基层气象台站"十四五"建设需求(表1)发现,会商大屏、显示平面、工作站、网络环境等业务系统运行环境新建或改造类需求969项,总投资需求超过16亿元,西部和中部县级气象台站需求突出。

表1 业务系统运行环境新建或改造类建设需求分析

类别	需求/项	资金需求/亿元			
		合计	中央	地方	自有
省	23	0.97	0.95	0.02	0.00
市	143	6.11	2.99	2.76	0.36
县	803	9.47	7.12	2.31	0.04
东部	205	3.81	2.14	1.27	0.40
中部	304	4.90	2.82	2.08	0.00
西部	460	7.84	6.10	1.74	0.00

(五)整体谋划打造,国家基层气象台站呈现多元化发展

在强化业务用房和设备设施建设的同时,国家基层气象台站越来越注重特色功能的打造和气象文化的传承。部分国家基层气象台站利用门厅、走廊等室内公共空间,作为基层党建活动的重要阵地,还有部分基础条件较好的国家基层气象台站,通过融入地方科普宣传教育体系,专项打造科普场所和设施。不同国家基层气象台站虽然建设和展示形式不一,但都体现了融合气象业务服务、业务人员工作生活和文化科普宣传等多元功能于一体的气象台站发展趋势。

(六)强化投资保障,加速国家基层气象台站建设进程

近年来,中国气象局积极向国家发展和改革委员会争取中央资金投入国家基层气象台站建设,台站专项投资从之前的3亿元逐步扩大到目前的15亿元,极大支持了国家基层气象台站的整体性、规模化改善。自《"十四五"气象台站基础能力提升规划》实施以来,以专项工程为抓手,累计安排国家基层气象台站建

设项目 449 个、投资 27 亿元,启动了气候系统关键区的 10 个国家大气本底站、国家气候观象台建设,统筹实施了业务用房及附属用房完备性改造、水电路暖安防等安全生产配套设施改造项目 320 个、工作生活环境相关建设项目 49 个等。通过中央投资的大力支持,全国气象台站在整体规模、业务支撑能力、服务保障能力等方面实现显著提升。

二、存在困难及问题

(一)现有建设指导性文件不适应高质量发展需要

国家基层气象台站主要遵照《中国气象局关于加强基层气象台站建设的意见》《中国气象局关于印发基层气象机构基础设施建设指导意见的通知》等规范性文件进行建设,内容和建设要求相对宏观概括,而且由于发布时间较早,部分内容和要求已滞后于现代气象业务发展,无法适应新时期气象基层台站高质量发展需要。其中,《中国气象局关于印发基层气象机构基础设施建设指导意见的通知》为 2014 年 2 月印发,距今已 10 年有余,文件中未对业务图书阅览、资料档案存储、业务研讨、培训业务等用房,食堂、职工值班宿舍、科研专家宿舍、职工活动室、停车库、设施用房等附属用房,以及会商设备、工作站、显示设备、网络设备、特种技术用车等业务支撑设备出具指导性意见,更没有对场地设施(园区环境),党建、科普文化等提升内容给予明确。对于气象基层台站建设标准和规模也不能适应气象高质量发展的要求。

(二)支撑和保障"两个现代化"的基础性作用还不强

气象现代化是中国式现代化的重要组成部分,在新形势下,中国气象局党组作出了推进气象科技能力现代化和气象社会服务现代化的重大决策,为实现更高水平的气象现代化和气象事业高质量发展指明了方向。气象基层台站是气象事业发展的基石,围绕"两个现代化"推进要求,少数台站业务用房不能满足实际工作需求;气象台站综合业务系统支撑平台和信息化基础设施环境等不能满足气象监测精密、预报精准、服务精细的要求。部分气象台站给排水、供电、供暖、排污等尚未接入市政管网,围墙、护坡、安防、消防等存在安全隐患,部分偏远艰苦气象台站值班宿舍、职工周转房、食堂、文体设施、高原富氧等生活配套设施不足,党建、文化、职工活动场地设施等缺乏,气象台站工作生活条件尚需优化。

（三）台站现状不满足新型气象业务技术体制改革需求

《新型气象业务技术体制改革方案（2022—2025年）》（中气党发〔2022〕93号）确定了由气象监测业务、预报业务、服务业务和信息网络业务组成的新型气象业务体系架构。各功能区域用房建设面积测算依据不足，业务支撑平台设备配置类型及数量不明确，国家基层台站建设达不到科学规范、布局合理、功能完备、智慧高效的要求。在北京、西安的座谈中，有关专家提出现今国家基层气象台站业务支撑平台建设面积和内容差异较大，业务支撑平台项目建设规模和内容没有指导性文件，无法包含业务项目建设内容。

（四）各地气象服务需求不平衡导致台站匹配建设标准不同

全国各地人口规模差异较大，据全国常住人口统计数据，地级市100万人以下的有45个，占比13%，100万～500万人的有216个，占比63%，500万～1000万人的有77个，占比22%，1000万人以上的有6个，占比2%；县（区）级60万人以下的有2080个，占比72%，60万～100万人的有568个，占比20%，100万人以上的有242个，占比8%。

全国人口规模差异，导致服务于市域、县域的国家基层气象台站业务定位和分工不同。国家基层气象台站开展的业务服务会随着服务人口规模大而增加，支撑业务服务功能运行的建筑面积和业务支撑平台设备也随之增加。各地建设基层台站用房面积和配备平台设备规模参差不齐，导致气象业务范围和质量不均衡，不能有效地促进公共资源合理配置。

（五）国家基层气象台站项目申报可研标尺不统一

根据近年入库项目审核结果显示，国家基层气象台站建筑及建筑设备、业务支撑平台、场地设施等方面存在建设内容差异，在台站建设相关项目的编制、评估和审批相关建设项目建议书、可行性研究报告、初步设计的标尺不统一。高寒、高海拔、海岛、边远等艰苦台站地区周转房和食堂建设需求比较旺盛。项目申报中融合党建、工会活动、图书阅览建设的职工活动中心、学术报告厅面积不一；业务支撑平台中会商设备、工作站、网络安全防护设备和路由器、交换机等新建和更新理念不同；园区环境、科普建设和职工活动场所建设内容及功能差异较大。

三、有关建议

（一）建立健全气象台站建设标准规范体系

尽快制定《国家基层气象台站建设标准》（简称《标准》）。合理分类、科学指导市县国家基层气象台站建设业务用房、业务设备和园区环境，明确建设规模、设备配置和场地条件，规范国家基层气象台站建设规模。研究制定台站建设标准定额，把优化台站功能、绿色低碳、保障和改善民生、优化管理等结合起来，提高国家基层气象台站投资效益。完善台站建设标准规范体系，围绕高质量发展要求，在统一台站标识标志、优化设计业务平面等方面，研究制定配套标准规范，进一步夯实气象台站对气象科技能力现代化和气象社会服务现代化的基础支撑作用。

（二）强化"三位一体"打造和多级联动建设

以《"十四五"气象台站基础能力提升规划》和《国家基层气象台站建设标准》为引领，立足全局、与时代发展同步，强化台站建设专业化规划设计，加强规划设计深度编制，"三位一体"即实现房屋综合改造、业务支撑平台和场地设施改造一体化打造基层台站。落实规划和标准中各项内容，健全分工合理、任务明确、责任清晰的管理机制。计划财务司顶层设计、区域协调，省局统筹管理、推动落实，市县多级联动，开展基层台站标准化建设，努力形成一批规划科学、布局合理、功能完备、智慧高效的国家基层气象台站，不断推进国家基层气象台站高质量发展。

（三）发挥国家基层气象台站建设标准规范作用

将《标准》作为国家基层气象台站项目编制、评估和审批相关建设项目建议书、可行性研究报告、初步设计的重要标尺，全过程指导管理国家基层气象台站新建、改（扩）建和整体搬迁工程项目。完善项目科学决策机制，建立健全国家基层气象台站建设管理制度，强化项目论证、评审机制，压实台站建设全过程决策责任，加强台站标准化建设指导培训，开展项目建设监督检查，确保标准规范引领作用贯彻项目建设全过程。不断加强国家基层气象台站建设高质量发展，发挥社会和投资效益。

（四）加强项目管理队伍建设提高基层规划能力

强化项目管理队伍和能力建设，配备与项目管理和规划职能任务相匹配的人员。加强项目管理人员培训教育,建立和完善有利于项目管理人员成长的环境和机制,采取各种措施提高项目和规划管理人员的专业能力,不断强化项目管理人员队伍建设,保证队伍稳定。为气象事业高质量发展打造一支讲政治、勇担当、善规划、有作为的项目管理队伍。

(五)加强宣传和贯彻执行基层气象台站建设标准

各级气象主管机构要高度重视,精心组织,全力做好《标准》的学习宣传和贯彻实施工作。一是要立足坚持总体基层气象台站建设,结合"三位一体"综合改造的工作需要,认真贯彻落实《标准》,确保基层气象台站项目申报和审批管理工作依法有序开展。二是要积极做好与当地人民政府的汇报和沟通,做好基层气象台站建设需要地方政府的支持工作。三是各级气象主管机构及其所属单位要把《标准》的学习宣贯作为一项重要工作,组织落实好《标准》中各项指标的学习和使用,通过各种形式的计财和项目管理培训,以及信息化手段开展《标准》宣传、业务交流,指导所属单位的项目编制工作。提升各级气象主管机构及其项目管理工作人员编制项目的能力和水平。四是要积极采取措施,加大对学习宣传和贯彻实施《标准》的工作力度,力求做到让气象事业各级机构的领导和管理者掌握《标准》修订的目的、意义和主要内容,增强用《标准》凝练基层台站项目的主动性和自觉性,积极营造提升基层气象台站建设的环境和氛围。

气象培训体系优化调整专项调研报告

张连强　余　淼　谈　媛　辛　源　焦一之

（中国气象局人事司）

根据中央培训疗养机构改革要求,中国气象局原有 23 个气象培训机构保留 1 个(干部学院)、2 个暂缓脱钩(湖南分院、新疆分院),其余 20 个机构全部撤销。同时,根据《干部教育培训工作条例》(简称《条例》)、《全国干部教育培训规划(2023—2027 年)》(简称《规划》)和《气象高质量发展纲要(2022—2035 年)》及中国气象局党组有关部署,对气象培训工作提出了明确要求和全新任务。这种形势下,迫切需要对气象培训体系进行优化调整。为此,人事司组建了专项调研组,会同干部学院、相关分院等认真开展调研工作,先后走访 9 家单位、召开 12 次座谈会,涵盖了主要气象培训机构和相关部委党校、高校继续教育机构等,系统整理了 10 余年来气象培训的有关情况,分析了中长期气象培训需求。

一、气象培训体系建设工作开展情况

自 2010 年中国气象局印发《关于加快气象培训体系建设的意见》(气发〔2010〕146 号)以来,在中国气象局党组的正确领导下,气象培训体系建设取得显著发展。

(一)培训基础能力方面

在本轮培训机构改革前,全国气象部门已形成了相对完善的"干部学院＋河北、辽宁、安徽、湖北、湖南、四川、甘肃、新疆 8 个分院＋内蒙古、广西、青海等 14 个省培机构(含 4 个独立法人机构、10 个挂牌机构)"的机构体系。各气象培训机构根据培训业务需要,建设了各类实习实训环境、党性教育基地等。干部学院牵头建立了包含国家级主站—省级二级站—基层台站远程学习点的三级远程教育系统,在面向基层气象部门开展大规模培训和应对疫情等突发状况中发挥了重要作用。

（二）师资队伍建设方面

截至2023年上半年,全国气象培训机构在职专职教师共有393人,比2011年增加19%。其中,教授/正高工39人,较2011年增加12%;副教授/高工190人,较2011年增加13%;硕士(含)以上学历的人员占比从2011年的50%增加到2023年的82%。历年平均学时约占总学时的70%,平均满意度97.6分。遴选学科带头人11人,获评首届全国气象教学名师3人,气象英才10人。各气象培训机构的专职教师授课能力和水平不断提高,骨干师资队伍基本形成。

（三）培训业务实施方面

各气象培训机构形成了岗位培训、高层次骨干人才培训、上岗培训、管理人员培训、国际培训五大重点业务领域,建设了具有行业特色、与高校学历教育互补的气象培训学科体系、课程体系、教材体系,编写教材近300本(其中精品教材近30本),开发基层岗位模块化课程350余门、2000余学时,气象国际培训覆盖了130多个国家和地区。同时,教学组织管理上也更加规范,各地根据不同培训对象和培训内容建立了统一部署、分层分类、有机分工的培训业务机制。

在上述工作的基础上,2013—2022年全国气象培训总量达到141万人天,较2003—2012年增长一倍以上,气象培训工作不断体系化和规范化,各气象培训机构的专业化师资队伍不断加强、特色学科建设日益完善、教学基础设施取得一定改善、教学质量和办学水平显著提升,气象远程培训的作用更加突出,气象培训工作促进干部人才成长、服务保障气象现代化建设的功能更加彰显。

二、外部门开展培训工作的做法与经验

为更加全面学习掌握培训体系建设经验,调研组对其他行业的培训机构进行了调研。

（一）党校（行政学院）和干部学院

各级党委政府设置的国、省、市、县四级党校（行政学院）和干部学院是开展干部教育培训的主阵地、主渠道,是各地思想理论建设的重要阵地,也是各地的重要智库。

其中,国家级党校、干部学院主要有中央党校（国家行政学院）、中央和国家机关党校以及中国延安、浦东、井冈山干部学院。各院校均十分重视构建重点突

出的培训内容体系、特色鲜明的课程教材体系、专兼结合的师资体系、入脑入心的方式方法体系。同时也高度重视针对性教学资源开发,以中国延安、浦东、井冈山干部学院为例,三所干部学院的主体课程一般由中央组织部统一部署实施,并分别结合本地教学资源优势,打造了特色鲜明、成效显著的特色课程。延安干部学院突出党的政治能力培训,井冈山干部学院突出革命传统信念培训,浦东干部学院突出改革开放最新成就和体现时代精神培训,各地结合这些主题分别开发了多样化的课程体系和现场教学点,为保证教学效果发挥了重要作用。

（二）国家税务总局税务干部学院（中共国家税务总局党校）

该机构为国家税务总局直属事业单位,功能定位为税务系统党建教育基地、中高级公务员培训基地、国际税务培训基地和税务培训教学研究基地。本次中央培训疗养机构改革后,该机构按照"一院四区"进行总体布局,即共同使用一个独立法人机构,分设扬州（主校区）、长沙、大连、北京 4 个校区,另有 9 家暂缓脱钩的培训机构。现有专兼职教师 240 多人,其中高级职称 180 多人,660 多名系统内外专家学者担任兼职教师。

在培训任务上,国家税务总局税务干部学院建设了 10 大类 340 多个比较成熟、独具特色、在系统内外颇有影响的培训项目,年均举办各级各类培训项目900 个左右,培训学员 7 万多人次,年培训规模 70 余万人天,培训生源覆盖全国各地以及亚、欧、非、拉美等国家和地区。在组织管理上,四大校区采取"统分结合、以统为主"的办学模式,学院总校与分校之间实行相对统一的教育培训制度、工作流程、评估标准,同时建立了统一的师资库、科研选题平台,学科建设在相对统一的基础上实行差异化发展。

（三）有关启示

调研发现,专业特色是行业培训机构的立足之本,充足的师资力量是培训机构的生存之基,完善的培训能力是开展培训的重要基础。气象培训机构应以气象干部人才培训需求为导向,不断加强培训能力建设,强化师资培养,深化研究更加科学合理的培训体系,不断适应事业发展的形势和要求。

三、气象培训体系建设面临的形势、需求和问题

调研发现,气象培训工作也面临着不少问题和挑战,主要体现在 3 个方面。

一是培训能力与需求不匹配现象比较突出。从培训承接能力上看,根据《条

例》和《规划》匡算,气象部门年均最低培训需求约46万人天,其中国家级培训需求最低约每年15万人天。但历史面授培训峰值为2014年的20.6万人天(其中国家级培训8万～10万人天),距离未来培训需求存在较大差距。从培训内容上看,气象业务发展对气象培训不断提出新需求、新要求。据不完全统计,仅2022年下半年以来,中国气象局印发的业务类工作方案中明确提出专项培训需求的就达8类,涉及预报、防灾减灾、农业气象、人工影响天气、气象雷达、北斗探空、国际合作、安全生产,给课程设计和教学安排带来了很多挑战。从培训效果上看,一些用人单位反映存在培训内容老化、低水平重复、针对性不强等问题。

二是相关政策保障水平存在较大差距。一方面,气象培训制度建设相对比较滞后,"刚性"约束不强,培训管理不够规范。另一方面,培训领域的保障性政策存在一定缺口,主要集中在经费保障、人才支持两个领域。培训经费缺口较大,对办学能力改善有较大影响。职称评审和课题申报政策也是一线教职工反映比较集中的问题。

三是改革形势倒逼。本次中央培训疗养机构改革对现有气象培训体系带来了很大调整,相关业务分工、预算安排、人员安置等诸多工作都深受影响,涉及改革培训机构的不少教职工对改革后的发展前景表示担忧,迫切需要优化调整气象培训体系,尽快明确下一步气象培训工作的功能定位、机构布局和业务主体等关键事项。

四、气象培训体系优化调整方案建议

为深入贯彻落实党的二十大精神,适应中央培训疗养机构改革新形势和气象高质量发展新要求,结合调研情况,对气象培训体系优化调整工作提出如下思考建议。

(一)优化调整的总体思路

深入贯彻党的二十大精神,全面落实中国气象局党组对气象干部人才队伍建设的要求,以提升气象干部领导力、气象人才专业技术支撑力为重点,按照统筹集约、定位清晰、特色鲜明的原则,通过优化调整气象培训体系布局,增强气象培训质量和效益,为新时代气象高质量发展提供有力支撑保障。

(二)优化调整气象培训体系布局

对照全国气象部门年均46万人天的最低培训需求,特别是年均15万人天的国家级培训需求,干部学院年均承接 6.5 万人天和湖南、新疆分院分别年均承接 1.5 万~2 万人天培训任务外,还须依托相关省气象局建设 6 个左右的全国性气象干部研修中心(按照年均 10 个月、每月 2~3 期培训班、每期 2 周左右匡算,每个气象干部研修中心年承载培训量约为 1 万人天)。综合考虑中央培训疗养机构改革、已有工作基础、发展前景等因素,在原有分院的基础上,进一步选取部分发展前景较好的省气象局作为补充,构建以"1 个学院+2 个分院+6 个气象干部研修中心"为骨干架构,以其他培训资源为有效补充的气象培训体系,形成覆盖全国的培训机构。

1. 充分发挥干部学院(局党校)龙头引领作用

干部学院作为国家级气象培训机构,重点承担全国气象系统处级以上领导干部培训、高级专业技术骨干培训、国家级新技术推广应用培训、国际气象相关培训以及对其他气象培训机构的业务指导职责。

2. 进一步强化 2 个分院的重要培训阵地功能

(1)干部学院湖南分院

湖南分院在硬件环境、食宿条件方面均有较好基础。根据既有基础,可充分利用党性教育资源丰富、毗邻湖南省农业科学院的地域优势与学科共建优势,打造党性教育、农业气象特色培训学科,兼顾气象防灾减灾、生态气候服务等培训。同时,利用长沙气象雷达标校中心和湖南观测试验基地的条件,开展观测领域有关培训。

(2)干部学院新疆分院

新疆分院占地面积 77 亩(1 亩≈666.67 平方米),经改造食宿环境后,可承担 300 余人同时在校培训,打造人工影响天气、少数民族干部培训、"丝绸之路"国际培训特色学科,兼顾综合管理类培训等。此外,新疆分院在雷达装备保障方面也具有较好的业务技术积累和测试实训环境,可以开展相关培训。但是,新疆分院存在师资队伍老化、高级业务人员短缺等问题,有待在后续建设中加以改进。

3. 科学合理设置 6 个气象干部研修中心

根据前期基础、工作特色和发展前景,在河北、辽宁、浙江、广东、四川、陕西设置 6 个气象干部研修中心。其中,浙江正在筹建中国气象局新技术应用协同创新中心(浙江),已考虑一线气象预报员和气象服务业务人员实训、高级专家研修等功能。广东正在建设世界气象中心(北京)粤港澳大湾区分中心(国际气象人才培训中心),区位优势、基础设施和人才优势明显。陕西在人民气象事业发源地红色教育等领域有良好基础,与相关高校及延安干部学院开展培训合作潜力大,也有利于弥补新疆分院距离较远的不足,改革前曾设有陕西气象干部培训学院,具备一定教学培训基础。河北、辽宁、四川以原分院为基础进行建设,原河北分院拥有独立的院区,近5年培训量各省排名第二;原辽宁分院近5年培训总量各省排名第一;原四川分院历史培训总量各省排名最高,专职教师队伍人数最多,与成都信息工程大学开展培训合作潜力大。

调整后,各气象干部研修中心纳入国家级培训体系统一管理,应坚持以教学为中心,持续加强师资队伍和自身特色学科建设,充分发挥好作为国家级气象培训机构的重要补充作用和面向基层培训的主体作用。为了支持各气象干部研修中心更好地开展工作,在承接培训职能的各省级直属事业单位加挂"中国气象局气象干部研修中心(××)"牌子,可在中国气象局年度重点培训计划中安排培训任务,并给予相应的经费支持。同时,加强综合评估,及时对气象干部研修中心布局进行动态调整。对于开展工作较好的,可结合下一步事业单位改革等工作,及时优化调整机构编制设置,以支持其更好发展。

(三)积极发挥多平台气象培训职能

考虑到31万人天的省级气象培训需求,以及中国气象局部署大规模轮训和有关特色培训的需要,可进一步发挥各省局、直属单位人才培养主体作用,面向本单位职工全面加强以政治能力、履职能力、气象新技术新方法为主要内容的培训。同时,进一步发挥相关高校、地方党校和其他培训机构的补充作用,做好相关培训工作。

(四)加强综合保障

一是加强组织领导。根据调研成果及时形成工作建议报中国气象局党组审定(2023年12月5日,已以《气象培训体系优化调整实施意见》(中气党发〔2023〕186号)印发实施),在2024年中国气象局重点培训计划部署中进行合理分工。二是建立完善推动落实的工作机制,加强跟踪指导、监督检查和效益评估。三是加大投入保障。将气象培训人才队伍建设纳入中国气象局相关人才培养计划和创新团队;建立多元化经费投入机制,在年度经费预算中给予稳定支持、在有关专项规划中加大投入力度、在相关气象工程项目中设立专项,加强经费管理,提高使用效益。

"网格＋气象"实践经验和推广应用路径研究

潘劲松

（浙江省气象局）

近年来,浙江气象部门贯彻落实习近平总书记关于气象工作的重要指示精神,践行"人民至上、生命至上"理念,探索建设基层网格化气象灾害防御体系,推动预警信息发布要"到村到户到人",实战实效发挥气象防灾减灾第一道防线作用。2019 年,衢州江山市先行先试开展"网格＋气象"工作,将气象灾害防御职责纳入全科网格事务管理,融合队伍、平台建设,配套工作机制、评价考核体系等,在多轮防汛实战中发挥积极成效。但在全省推广"网格＋气象"工作过程中,遇到了一些堵点。

浙江省气象局按照学习贯彻习近平新时代中国特色社会主义思想主题教育有关部署要求,经深入研究,决定聚焦"网格＋气象"在基层治理体系和治理能力现代化建设中的作用发挥,对"网格＋气象"的实践经验和推广应用路径开展调查研究,从体制机制、业务支撑、工作流程等方面梳理凝练"网格＋气象"在全省可复制、可推广、可借鉴的方法路径,为下一步更有效提高基于网格的基层应急联动效率,激发基层气象治理效能,撬动气象基层治理体制机制改革提供参考,提出工作建议。

一、调查工作开展情况

调研组由潘劲松副局长任组长,浙江省气象局减灾处、江山市气象局以及衢州、温州、绍兴等市气象局有关人员组成。调研组制定工作方案,通过前期研究确定调研思路,形成工作思维导图;2023 年 5 月赴江山开展蹲点调研,6 月面向全省开展书面调研,组织各市研讨;赴宁波、绍兴等地,开展对比分析等工作。截至 12 月,已开展实地调研 5 次,专题研讨 3 次。针对江山试点探索和实践,调研组在蹲点调研时走访江山市委政法委、编制委员会办公室等相关部门和部分镇村,在充分研讨的基础上,形成《从两次暴雨灾害防御实践看江山"网格＋气象"

工作实效》的解剖式调研报告。6月21日,中国气象局主题教育指导组参与宁波调研,专题指导"网格+气象"调研工作。

二、"网格+气象"工作的江山实践和"江山经验"

(一)江山"网格+气象"的主要做法

2019—2021年,江山市气象局将气象防灾减灾工作融入基层全科网格管理体系,从职责、队伍、技术、机制、保障5个方面初步建成"网格+气象"工作体系。2022年,国务院印发《气象高质量发展纲要2022—2035年》,江山市气象局被列入全国气象高质量发展试点。江山市气象局结合衢州全域"县乡一体、条抓块统"试点,特别是江山试点的成果,按照清单明责、量化考评、平台指挥、队伍融洽的工作思路,深化"网格+气象"工作,推动气象融入基层整体智治新格局。

共有8个方面的做法。一是增赋网格气象工作职责。明确网格员承担预报预警信息传递、灾害信息收集上报、指导群众防灾避险三项工作职责。市委政法委下发履职清单,明确工作要求,建立配套管理制度。二是融合组建基层网格队伍。江山市气象局建立网格气象服务专员队伍,分乡镇开展网格气象服务和指导;乡级综合信息指挥室设立网格气象工作联络站,对口联络和指挥辖区网格;村社将气象信息员和网格长融合,实现"一员多用",基层队伍壮大13倍之多。三是贯通建强气象工作平台。打通突发平台与基层治理平台,预警直达网格,通过网格员在"网格微信群"联动转发以及农村大喇叭扩散传播,15分钟内实现气象预警信息进村入户全覆盖。四是建立预警先导联动链条。网格制定气象灾害应急处置流程或行动方案,联动参与应急演练;应急响应期间防汛抗旱指挥部成员单位进驻综治中心,实现"市大联动中心+乡镇综合信息指挥室+村社网格+群众村情通式移动终端"点对点、点对面的视频、电话连线实时叫应。五是健全考核评价激励机制。部门、乡镇分别出台网格员气象工作奖励办法和乡镇考核办法,对气象网格工作实效开展考核,市委政法委联合市气象局对全市基层气象灾害防御优秀网格员进行年度通报表彰。六是聚焦核心业务,进一步提升预报预警服务能力。市防汛抗旱指挥部组织建立"叫应"即"响应"联动机制,印发预警分乡镇发布传播、"五停""五断"叫应响应机制、公众防御指引等系列气象灾害防御制度规范;气象试点应用暴雨、雷暴大风等预警新标准,有效提高预警时效性和颗粒度。七是同频县乡改革,进一步明晰乡镇气象工作权责。抓住江山乡镇"模块化"改革契机,印发全国首张《乡镇(街道)气象工作"属地管理"事项责任清单》,乡镇设置"气象联动岗""气象服务岗""气象协理岗",配备干部专职负责气象工作。八是迭代应用场景,进一步健全平战转换联动机制。持续迭代"网格＋气象"防灾减灾数字应用,横向集成多部门基础数据,纵向承接县级可视化双向互动指挥调度体系和"浙政钉""掌上基层""掌上指挥"客户端,建立气象业务、指挥调度、联动处置3个应用场景,通过数字化手段建立运行预警叫应、中枢指挥、分级响应、上下联动的气象灾害应急处置链条,形成上下协同、高效联动的工作闭环。

（二）江山"网格＋气象"的工作成效

一是实现了气象预警从台站到末梢的高效触达。江山找准网格员这一切入口,有效解决了预警传播入户到人难题,又借助扁平化和数字化两个关键,打通平台和用户端,将"部门—乡镇—村"三级预警传导模式压缩为部门—网格两个层级。预警入户到人覆盖率达95％以上,耗时缩短30分钟以上。

二是建立了气象职责从政府到社会的有序衔接。江山发挥政法委管理网格体系的"条线"优势,明确了网格员气象工作职责;同时抓住乡镇"模块化"改革的契机,强化了乡镇一级督促、指导本辖区的网格员履职,条块结合,补齐了制度设计上的断档,使得乡以下的气象工作更规范有序。

三是开辟了气象预警转型为"发令枪"的实践路径。江山通过跨部门联合发布风险预警,缩短了从要素到影响的递进转化效率;通过预案衔接,镇村基于预警的应急行动得到细化;通过联署决策,应急状态实现多部门联合办公,联动指挥决策。同时注重平战转换,通过数字化、流程化的管理抓实基层常态化演练,高级别气象预警真正成为基层处置行动的"发令枪"。

四是激活了需求倒逼业务能力提升的转化通道。聚焦"气象—政府（部门）""气象—镇村""气象—网格"三条联动链条的需求,倒逼业务能力提升,增强预报预警能力。

（三）基层气象治理的"江山经验"

江山的"网格＋气象"工作继承了"德清模式"聚焦基层气象防灾减灾的出发点和落脚点,同时,在政府主导、部门联动、社会参与这3个方面都有了进一步的发展。政府主导方面,党建统领使得政府在统筹协调、一体指挥等方面更加有力;部门联动方面,一系列的部门间、部门与基层之间的机制细化完善,使得气象防灾减灾工作链条更加顺畅,跨部门的流程有效衔接,运行高效;更为重要的是对"社会参与"的深化,在江山的实践中,"网格"的加入,使得社会主体在气象防灾减灾中不仅仅是"参与",更是从"治理"的角度深入融入基层气象防灾减灾工作的各个环节。

江山的探索实践,最核心的贡献是将基层气象防灾减灾工作,从政府体系主导的模式,扩展到了社会治理体系融合的模式,形成了预警基层气象治理的"江山经验"。而这套社会治理体系与气象工作融合模式在体制机制和运行层面的一些具体构成要素,形成了"江山经验"的主要内容。即一条气象预警"到村到户到人"的传递路径,一套气象预警先导的基层分层分级联动职责体系,一种"条抓块统"的基层气象治理工作格局,一项需求与业务互相反哺互促的协同推进机制。

三、"江山经验"推广迁移的可行性分析

江山"网格＋气象"工作的成功,一方面源自江山市气象局抓住机遇,创新思路,将各项工作落到可操作可执行的层面,取得良好效益。另一方面也得益于江山基层网格化治理体系发展程度较深,基层各项改革措施到位且相对彻底,为江山"网格＋气象"工作的孕育、发展提供了良好的政策基础和外部环境。

（一）推广的基础

调研组通过书面调研方式向浙江全省 11 个设区市和 75 个县（市、区）气象局发放了调查表,从工作职责落地、数字化支撑、基层县乡定位三方面进一步掌握了解各地气象防灾减灾工作在基层网格化治理体系下的运行现状。

目前,全省共有 9 个设区市和 73 个县（市、区）通过不同方式将气象工作纳入网格员的工作职责,其中"气象灾害预警信息传播处置"职责实现百分之百纳入;23％的地区实现"网格员反馈信息闭环"。职责定位方面,全省县、乡两级防汛防台工作基本上由属地应急体系主导,81.7％的地区实现乡镇（街道）三定方案纳入气象职责,其中落实到应急口的占 46.2％,农口的占 52.8％,其他的占 1％;81.7％的地区网格员与气象信息员职能基本重叠。39％的地区建立了网格员气象职责考核和奖励机制。地方改革中的"县乡一体、条抓块统"改革推进总体偏慢,各地差异较大,借力推进气象与基层网格化治理体系直接融合的难度较大。

（二）推广的思路

调研组认为,在推广"江山经验"的时候,必须坚持目标一致性和路径差异性

的原则,使各地在确保工作方向正确的同时,可以有更大操作空间,适应各地不同的基层治理环境,进而实现推广目的。

总体目标是:信息传递方面,原则要求是资源利用最大化、传播职责清晰化、考核评价全量化。在此基础上,无论采取何种渠道、何种方式,只要能将预警信息快速高效传递到基层末梢,都应当视为有效的实现路径。指挥体系方面,依托综合治理指挥或防汛指挥,本身不影响气象工作的落地,各地可依据实际情况,融入对应的基层指挥体系,促成基层气象工作的"条抓块统"。职责落位方面,重点关注压实职责并且使得防灾链条上各环节的职责实现承接、呼应,而不必纠结于究竟是基层防汛防台体系或是基层综合治理体系中哪个具体的岗位在发挥作用。调研发现,温州乐清探索"气象＋网格＋应急"的做法,一定程度上区分了信息流和工作链,两者协同,同样取得良好成效。平台贯通方面,同样坚持"用哪个融哪个"的原则,无论是基层综治平台还是防汛防台平台,气象相关平台的贯通也要因地制宜、稳步推进。

四、"江山经验"的推广实现路径

从"江山经验"中,调研组梳理出在全省推广应用的十条具体工作目标。按照目标一致性和路径差异性的原则,从可复制、可推广、可借鉴 3 个层次提出"江山经验"的推广实现路径。

(一)推广应用的十条具体目标

在预警发布传递方面有两条。一是预警信息进网格。通过有效手段,建立从气象台站到基层网格的气象预警信息直达通道。二是数字化手段促进信息传播快速高效。通过平台贯通,实现气象预警信息高效传递。

在基层气象工作职责落实方面有三条。一是增赋网格气象工作职责。网格层面明确落实气象信息传递、先期处置和信息反馈等工作职责。二是细化乡镇气象工作职责。乡镇层面明确督促、指导等职能。三是健全完善考核评价机制。针对乡镇、网格两级履职,建立可量化、可操作、可持续的考核体系,细化考核指标。

在预警联动方面有三条。一是完善部门间联动机制。完善部门以气象预警为先导的应急响应启动、行业管控措施等联动机制,并以制度形式固化。二是形成"预警＋指令"工作协同机制。通过"预警＋指令",促成气象预警从"消息树"向"发令枪"转变。三是促进基层气象防灾减灾"条块统合"。结合地方改革推进,抓住契机,融入基层治理体系。

在提高气象自身能力方面有两条。一是提高"梯次化"预报预警能力。针对性提高从风险到预报再到预警的气象防灾减灾"梯次化"服务能力。二是提升气象数字化服务供给能力。通过气象数字化建设,提升气象服务数字化智慧化供给能力,强化气象防灾减灾服务供给。

(二)可复制、可推广、可借鉴的实现路径

可复制的路径,即需满足目标一致、路径相同的特征。有五条可复制,分别是预警信息进网格、细化乡镇气象工作职责、完善部门间联动机制、提高"梯次化"预报预警能力和提升气象数字化服务供给能力。

可推广的路径,即需满足目标一致、路径有别,且实现路径在当地的现实基础上具有可行性。共有四条,分别是数字化手段促进信息传播快速高效、增赋网格气象工作职责、健全完善考核评价机制、形成"预警＋指令"工作协同机制。主要考量是,各地网格体系的构建和管理上的从属关系存在差异,究竟是依托防汛防台体系还是基层综合治理体系实现工作目标,应当由各地的实际情况决定。

可借鉴的路径,即目标一致,但当前江山的实现路径在其他地区尚未形成现实基础。各地需根据当地政策基础、外部环境等发展,适时推进。调研组认为,"促进基层气象防灾减灾'条块统合'"这一条,符合可借鉴的特征。主要原因是,江山地方试点已经形成了模块化的乡镇组织结构,乡镇职能得到重组。而在其他地区,乡镇职责的细化或重新界定,并非气象部门之力可以推动的,需要在工作或运行层面上先期开展探索实践,并抓住有利时机,固化成果,稳步推进。

远洋气象导航业务技术体系建设调研报告

金荣花　张恒德　代　刊　章建成　赵　伟　孙舒悦

（国家气象中心）

为深入贯彻落实中央领导同志关于远洋气象导航工作的重要指示批示精神，按照党中央关于开展主题教育、大兴调查研究的部署要求，国家气象中心党委将"远洋气象导航业务技术体系建设"作为调查研究重点选题，紧紧围绕服务国家战略需求，紧密结合自主可控远洋气象导航业务技术体系建设工作和决策需要开展了专题调研，并针对存在的问题提出思考建议。

一、调研选题背景

我国是海洋大国，远洋船队资产居世界第一，国际海运通道承担了我国外贸货物运量的 95%，在世界吞吐量排名前十的港口中，我国占据八席。但我国远洋气象导航市场被 WNI、StormGeo 等国外气象公司垄断，严重威胁我国经济安全和运输安全。国家气象中心紧紧围绕我国远洋运输、国防安全等重点领域需求，2017 年重启远洋气象导航业务建设，2019 年正式对外提供服务。2022 年 5月，中央领导同志对发展远洋气象导航工作作出重要批示，为远洋气象导航事业发展指明了前进方向、注入了强大动力。

二、调研基本情况

自批示以来，围绕远洋气象导航能力提升，在中国气象局预报与网络司、科技与气候变化司、应急减灾与公共服务司等职能司的指导下，在国家卫星气象中心、华风集团等兄弟单位的大力支持下，国家气象中心以实地观摩座谈、党支部联学共建、调查问卷、线上访谈等方式，组织和参与了 32 家涉海单位调研，包括交通运输部、工业和信息化部等部委有关单位，中远海运集团、招商局集团等航运企业，中国科学院、中国工程院、大连海事大学等科研机构，深入交流了远洋气象导航业务技术储备、发展需求与合作协调等事项，形成了较为全面翔实的调研成果。

三、远洋气象导航服务需求和业务技术体系建设现状

为扎实做好需求导向、创新驱动、机制先行的远洋气象导航业务技术体系建设工作，为全面实现远洋气象导航能力自主可控提供决策依据，调研工作重点围绕用户需求、技术储备与机制建设等方面梳理了有关现状。

（一）不同类型专业用户的需求各有侧重

1. 航运企业侧重以航行安全为重点的气象信息与导航服务

调查发现，目前船企主要通过 HiFleet、PassageWeather、Windy 等外国网站了解全球海域危险天气海况，远洋船舶通过安装船端系统接收岸基发布的气象数据包，了解航线天气及海况预报，以制定安全航线控制航行风险；货运企业（租家）则更需兼顾航线规划对租船成本的影响，以达成最大航运效益。但目前航运企业对气象导航服务的应用仍有较大市场空白，以中远海运集团为例，每年应用气象导航服务的航次 300 余次，不足总航次的 2%。需求主要集中在面向全球主要航线，苏伊士运河、马六甲海峡等全球主要航道，近海港口、锚地等的气象信息；全球高影响天气预报、航行风险提醒与避台建议、能耗评估以及满足跨洋航线规划需要的长时效气象预报等。

2. 港口用户侧重精细化要素预报与影响预报

调查了解到，港口、引航站、重要航道作业活动易受风、雨、雷电、雾、浪、潮、流以及海冰等天气因素影响，造成航道停航、入港船舶积压、离靠泊及装卸作业等无法顺利进行，带来较大经济损失与社会影响。因此，港口用户的应用需求集中在以下几方面：精细到百米量级的气象与水文要素预报信息，全球台风、温带气旋等高影响天气对港口作业的影响预报，以及长江口、珠江口、苏伊士运河等重要航运通道通航窗口期预报等。

3. 海上搜救部门侧重建立分阶段气象保障服务

海上搜救各阶段任务需求不同，包括事前常规、事中应急及事后调查三阶段气象保障服务。常规服务及搜救行动布设阶段，台风精准定位和临近登陆点预报、危险天气警报精准靶向推送等技术是关注重点。搜救行动中，更加依赖高精度卫星多通道数据应用、搜救海域精细化定点定时定量预报、海上漂浮物轨迹预测、污染扩散轨迹预报以及航空气象保障等技术产品。搜救行动后，事发海域事

发阶段天气海况再分析技术与数值模拟复原技术是发展重点,以满足事故调查工作要求。

(二)远洋气象导航核心技术储备稳步发展

一是信息化支撑、数值预报、灾害性天气预报、气象导航核心算法部分具备国产化替代能力。信息化支撑方面,发展了"航运+气象"大数据深度融合、物联网、人工智能技术深度应用以及超级计算等信息化支撑技术;数值预报方面,CMA大气模式与海气耦合模式、国家海洋局妈祖(Macom)模式等可提供远洋气象导航所需风、海浪、海流预报信息;全球灾害性天气预报业务实时运行;基于CMA模式研发的船舶失速模型有效提升船位推算精度,可实现平均航时缩短3.5%,30天节省油耗约25吨。此外,调研了解到,交通运输部水运科学研究院和哈尔滨工程大学在船舶航行风险评估技术方面具备优势;上海海事大学在船舶失速计算、能效管理技术等方面具备研究基础;武汉理工大学和大连海事大学在航路智能规划研发方面具有较强实力。

二是通信、观测和工程化应用的国产化能力与国际先进水平存在较大差距。远洋通信目前依赖国外卫星和公司,我国自主卫星通信系统如天通、中星、亚太系列卫星还无法实现全球覆盖,北斗系统全球短报文通信单次最大长度支持40个汉字,还无法满足完整气象导航服务需求。目前,远洋通信主要依赖美国Viasat公司运营的国际海事卫星Inmarsat,船舶定位信息(AIS)、全球电子海图等严重依赖外国公司。全球重点航线的气象观测站网有空白,世界气象组织(WMO)共享全球近8000个观测站数据,我国初步建立以沿岸、近海海域为主的海洋观测网以及极轨、静止气象卫星遥感监测业务,包括近海约1500个站点观测、9颗风云在轨卫星和6颗海洋卫星,但尚未形成覆盖全球重点航线的海洋气象观测网。国际普遍有成熟的工程化应用,我国还不具备从导航技术研发到转化应用的成熟流程。

(三)远洋气象导航合作机制初具雏形

1. 国省统筹业务机制初步搭建

中国气象局气象导航中心(简称"导航中心")组织相关沿海省(区、市)气象局和企业共同研讨远洋气象导航国省统筹业务建设全国布局,就构建远洋气象导航"1+N"业务模式达成一致。广州、天津等地已试点构建"港航+远洋导航"国省一体化业务流程。

2. 事企业务一体化机制实现运行

导航中心与北京全球气象导航技术有限公司(简称"北气导")实现事企业务集中运行,以及软硬件和产品资料的共享;双方管理人员建立沟通协商与分工协作机制;事企人员交流得以深化,实现导航中心5名技术人员在北气导兼职;联合开展科研项目申报与研发,实现技术共研;共同承担导航业务、搜救服务任务以及气象传真图业务,实现服务共担。

3. 部门内外协同发展初见成效

国家气象中心与中国海上搜救中心建立海上搜救应急服务信息共享渠道,强化海上搜救气象保障协调机制,在"鲁蓬远渔028船倾覆"事故搜救及调查中发挥重要作用;联合部门内外10家单位,组织申报国家重点研发计划项目"远洋船舶气象智能化导航关键技术研发"并获批立项,形成稳定的跨学科、跨部门技术攻关团队。气象导航已纳入工业和信息化部未来自主国产通信系统应用领域。中国气象局CMRC气象导航服务已实现在招商局集团下属公司船舶试用,船端自导软件在中远海运散运公司(广州)试用。大连海事大学与国家气象中心将共建"船舶导航系统国家工程研究中心"和"航海气象实验室"列入局校合作协议,与北气导共建的"航海人才教学实习基地"已挂牌成立,共同提高海洋气象交叉学科人才培养质量。

四、完善远洋气象导航业务技术体系建设的思考

我国远洋气象导航业务覆盖领域广、产业链条长、发展起步晚,短板弱项具有多维性和系统性。在全体气象导航人的攻坚克难下,近年来远洋气象导航业务技术体系建设取得了喜人突破,但仍存在一些亟待解决的问题。一是远洋气象导航服务能力尚无法完全满足专业用户需求,导航服务国际竞争力与影响力仍存在差距,与国际接轨的标准化、规范化建设仍需发力;二是远洋气象导航自主可控能力仍存在短板,观测、通信、工程化应用等能力尚有空白,部分气象导航核心技术水平仍处于落后状态;三是国省、事企及部门内外通力合作的工作局面尚未完全形成,相关合作机制建设有待完善。综合上述问题,为进一步加快远洋气象导航业务技术体系建设,推动气象事业高质量发展,结合贯彻落实《气象高质量发展纲要(2022—2035年)》和中国气象局相关文件,提出以下思考。

(一)强化科技创新,加快自主可控远洋气象导航核心技术攻关

依托中国气象局远洋气象导航重点创新团队,聚焦制约远洋气象导航发展

的"卡脖子"问题开展协同攻关。加强对远洋气象导航技术国际发展趋势的跟踪调研,强化物联网大数据、人工智能等新技术在气象导航领域的应用。强化在气象观测资料融合应用、海上灾害性天气预报、航行风险评估、智能导航关键技术以及国产气象导航服务示范应用五方面开展创新性研究工作,推动形成自主可控的远洋气象导航核心技术体系。与交通运输部水运科学研究院联合组织远洋气象导航技术发展论坛,吸引企业、高校及科研院所的科研力量向气象导航领域聚集。

（二）加强人才培养,完善相关人员成长激励制度

探索发展中国气象局远洋气象导航人才分类培养办法,制定远洋气象导航人才考核评价办法。与大连海事大学等院校共同开发远洋气象导航课件,把远洋气象导航服务案例编入教材。依托远洋气象导航毕业实习基地,发现致力于投身气象导航事业的高素质人才。设立远洋气象导航年度服务奖,对国内气象导航企业做出重大贡献的业务人员予以激励,增强气象导航核心业务人员的职业认同感和自豪感。强化涉海用户的培训工作。

（三）聚焦用户需求,加强远洋气象导航服务能力建设

根据不同专业用户需求加强业务能力建设,重点加强全球地球系统数值预报能力建设,发展全球海洋—大气智能网格预报产品,提升对全球热带气旋、温带气旋以及大雾精细化预报能力。依托海洋工程建设,面向远洋航运、国防安全、海上应急救援气象保障、"一带一路"建设四类应用场景开发服务保障平台,做好后端信息支撑系统建设,具备可靠支撑能力。依托自主卫星通信系统打造气象导航服务产品。完善"岸导＋船导"相结合的服务模式,提升航线优化率,提高市场认可度。加强业务系统集约设计建设,实现全球台风及海洋气象系统与远洋气象导航系统打通,有效支撑岗位间、国省间的业务协同。

（四）开展标准建设,推动远洋气象导航业务技术与国际接轨

依托国家重点研发计划项目"远洋船舶气象智能化导航关键技术研发"和2024年气象行业标准制修订及标准预研究项目,联合中国船级社开展远洋气象导航设备认证和标准制定;完善《远洋船舶气象导航服务评估规范（指南）》相关工作,建立远洋气象导航服务评估指标、验证方法和多维评估标准,开展远洋气象导航服务产品性能实船验证,助推我国远洋气象导航业务技术产品的国际影响力提升。

（五）深化开放合作，完善远洋气象导航协同联动机制建设

建立远洋气象导航国省分工、统筹集约业务，形成国省两级气象部门优势互补工作格局。完善事企合作机制，充分发挥事业单位在人才技术方面、企业在市场开拓与快速响应市场需求等方面的优势，事业单位主要面向国防安全、海上应急救援等气象保障需求，提供普适性、基础性气象导航技术产品和平台支撑，企业在此基础上，针对航运、渔业、风电等市场需求，发展个性化、专业性气象导航技术及产品，实现合作共赢的远洋气象导航事企业务一体化发展。优化海上搜救气象保障服务协同联动机制，实现部门内外协同、上下联动。与各级气象部门以及有关部委、高校、科研院所、企业等持续深化合作，构建"责任共担、技术共享、服务共育"的远洋气象导航业务及服务联盟，合力推动远洋气象导航业务技术体系实现完全自主可控、自立自强。

关于新能源电力气象服务工作情况的调研报告

张　迪　姚锦烽　陈　敏　申彦波　袁　彬

（中国气象局应急减灾与公共服务司）

为推动新能源气象服务提质增效，应急减灾与公共服务司组织公共气象服务中心对全国风光发电气象服务情况进行了书面调查，并于 2023 年 4 月 17—21 日组成调研组，赴湖北、甘肃和河北开展实地调研。

一、风光发电气象服务调研基本情况

（一）全国风光发电站气象服务总体情况

截至 2023 年 4 月底，湖北、新疆、重庆、山西、广东、江苏、云南、甘肃、青海、福建、四川、山东、广西、河北、西藏 15 个省（区、市）气象局开展了面向风光发电站的气象服务，服务场站总数为 132 个。其中，湖北、新疆、甘肃、河北、青海 5 省（区）气象局为风光发电站运行提供了发电功率预报服务，服务场站数量为 35 个，其余均为防雷或电站规划建设阶段的风能太阳能资源评估服务。单个场站年服务费用差异较大，光伏电站年收益 4 万～15 万元，风电场年收益 1.5 万～20 万元。

（二）实地调研情况

在全国书面调研的基础上，4 月 17—21 日，应急减灾与公共服务司专业服务处、公共气象服务中心风能太阳能中心、北京市气象局城市院组成联合调研组，实地调研湖北、甘肃和河北风光发电气象服务需求与进展。一是实地考察了中国华电湖北随县殷店光伏电站、中国华电甘肃景泰风电场、甘肃中电芦阳光伏电站、三峡新能源河北临西简庄光伏电站，了解省级气象部门自主开发的功率预测系统在风光场站的应用情况以及各场站对气象服务的进一步需求。二是与国家电网湖北和甘肃电力公司座谈，了解省级电力公司在用的气象服务产品种类、来源、效果、存在问题和对产品预报时效、时空分辨率、准确率等的进一步需求。三是与各省气象部门座谈研讨。三省气象局高度重视,分管局领导分别出席了研讨会,各省气象服务中心详细介绍了本省能源电力气象服务的发展历程、现状、核心技术、服务经验和存在问题等。

二、风光发电气象服务实地调研的主要收获

(一)风光发电气象服务需求

风光发电气象服务,从服务对象上主要为电网公司、发电企业;从产品类别上主要分为风光发电功率预报、风光场站和电网安全运行气象保障两个方面。

1. 风光发电功率预报气象服务需求

在功率预测时效上,按照《调度侧风电或光伏功率预测系统技术要求》(GB/T 40607—2021),超短期指未来 4 小时、短期指未来 72 小时(3 天)、中期指未来 240 小时(10 天)、长期指未来 12 个月。

在功率预测准确率上,风功率预测准确率应达到超短期第 4 小时≥87%、短期日前≥83%、中期第十日≥70%,光功率预测准确率应达到超短期第 4 小时≥90%、短期日前≥85%、中期第十日≥75%。2019 年以来,国家电网和南方电网均出台了"双细则"考核标准,考核指标各区域有所差异,部分区域高于国家标准。考核指标要求最高为华北区域,要求数据上传率应达到 100%,风功率预测准确率应达到超短期≥90%、短期日前≥85%、中期第十日≥70%,光功率预测准确率应达到超短期≥90%、短期日前≥85%、中期第十日≥75%。其中,超短期和日前的功率预测准确率是场站和电网最关注的指标。

在时间分辨率上,超短期 4 小时、短期 72 小时(3 天)和中期 240 小时(10天)功率预测均要求 15 分钟间隔;12 个月的长期电量预测则要求逐月间隔。

在空间分辨率上,风光电站需要精细到场站甚至风机尺度的预报,电网公司和部分发电企业需要精细到 3 千米×3 千米,风光电场集中区 1 千米×1 千米格点预报。

在数值天气预报输出要素上,短期 72 小时(3 天)和中期 240 小时(10 天)功率预测均要求至少包括不同层高的风速、风向,以及总辐照度、云量、气温、湿度、气压等参数;12 个月的长期电量预测则要求至少包括月平均风速、月平均总辐照度、月平均温度等参数。

在更新频次上,风光功率超短期预测需要实现逐 15 分钟更新。短期和中期

数值天气预报及功率预测均要求每日至少更新 2 次。12 个月的长期电量预测要求每月至少更新 1 次。

2. 风光场站和电网安全运行气象预警服务需求

风光发电站和电网公司对强对流、雷电、山洪、地质灾害、山火等气象灾害预报预警产品需求旺盛，另外输电线路对高温干旱、电线覆冰、电线舞动等灾害预报预警，风电场对风机覆冰、台风等灾害预警，光伏电站对光伏面板覆雪、沙尘等高影响天气预警有更大的需求。

在时效性方面，对于大尺度的气象灾害如高温和山火风险、电线和风机覆冰、台风、暴雪等希望提前 3 天以上得到预报信息，能够留出足够的时间采取措施进行应对。对于局地性较强的灾害如强对流、雷电、山洪和地质灾害等则希望能提前 1 天以上获取风险预报，提前 2～6 小时获得预警信息。

空间分辨率方面，由于新能源场站和输电线路设施等通常在偏僻位置或山脊，均需要精细化到线路和场站所在位置的预警。

(二)三省风光发电气象服务现状

1. 服务对象

湖北、甘肃、河北三省均开展了面向场站的风光功率预报预测服务以及面向国家电网省级公司的气象服务。湖北省气象局还探索开展面向发电企业省级公司集控中心等机构的风光场站集群预报预测技术研发及服务。

2. 服务场站规模

湖北省气象局为省内 5 个风电场、4 个光伏电站提供功率预测服务。甘肃省气象局从 2011 年开始开展风光电站气象服务，2017 年高峰时期服务 34 个风光电场，目前为省内 2 家光伏电站提供光功率预测服务。河北省气象局目前为省内 15 个光伏电站提供功率预测服务。

3. 场站服务技术能力

各省气象服务中心均有专门的能源气象服务团队，建有新能源气象业务平台，并自主开发了部署于场站的风能、光伏发电功率预测系统。功率预报预测模型均基于中国气象局公共气象服务中心下发的 CMA-WSP1.0 模式，并不同程度融合了 EC、NCEP、WHRUC、Grapes_3km、甘肃"绿海"区域模式等其他数值预报产品。湖北能源气象团队研发力量优势较为突出，曾为新疆、内蒙古、山西、甘肃等省(区)气象部门提供技术和系统支撑。目前湖北省内风功率短中期预报每日更新2次,月均次日准确率达到83%及以上;超短期预报每15分钟更新1次,预报月均准确率能达到用户要求,但对转折天气、强对流天气预报效果较差,准确率一般在70%～82%,无法达到用户要求。甘肃光短期功率预测、可用发电功率基本满足用户要求,超短期功率预测准确率未达到用户要求,超短期功率预测调和平均数偏低10%左右。河北光短期功率预测月均准确率87.2%,不同场站差异较大,基本满足考核要求,但不能保证每日准确率均在85%以上,尤其在汛期月均准确率偏低;超短期功率预测,月均准确率一般在90%以上,能满足考核要求。

4. 区域集中式功率预报服务

湖北研发了面向发电企业省级集控中心的集中式功率预测系统,面向省电网公司调度中心的集新能源发电功率区域级预测和用电负荷预测于一体的智能电力预测系统平台。甘肃为省电网公司调度中心提供酒泉风电基地未来6小时风资源趋势纠偏建议。正在推动将功率预测模型融入调度中心新能源数字化平台中,为甘肃省所有电场提供服务。河北为冀南电网200个光伏电站和40家风电场提供站点数值预报产品,预报时效均为10天,时间分辨率为15分钟,日更新1～2次。

5. 服务效益

湖北、甘肃、河北气象部门服务的场站,每个场站每年服务收益分别约为9万元、8万元、7万元。2022年,华电华殷光伏直调电站购买使用湖北省气象服务中心光功率预测系统,在当年的预报准确率考核中获得省电网公司奖励13万元。2022年,河北气象部门为省级电网公司服务的费用为85万元,湖北气象部门为黄冈市电网公司开展系统建设和服务的费用为60万元。

三、场站发电气象服务存在的问题分析

聚焦风光电场气象服务规模和效益严重萎缩问题,调研组进行了分析,主要体现在以下4个方面。

(一)能力与需求的差距

功率预测面临严格的考核带动了风光场站发电气象要素定点定时定量的预报需求。目前,中国气象局下发的风能太阳能预报产品每天更新1次,缺乏对复杂地形和转折性天气(沙尘、强对流等)的考虑,体现在逐15分钟更新的场站发电功率预报上准确率偏低,与国外主流模式相比不具有优势。湖北等省基于各

类集合预报产品研发的功率预测系统在市场上也不具有明显优势,用户往往是考虑国家机构背书、特殊用户关系等购买气象部门的功率预测软件。

（二）投入与产出不均衡

据调研了解,场站功率预报系统采购主要在发电企业省级公司或场站。社会企业目前占据功率预报市场绝大部分份额,产品以国外数值模式产品基础上作后处理为主,目前以百万元价格即可购买 EC、西班牙、丹麦等国外数值模式产品,场站功率预报服务竞争激烈,年服务费仅为 5 万元/年。当各省气象部门对接本省发电企业时,如果质量达不到较高水平、服务规模达不到一定量级,自主研发技术、开展现场维护、维持客户关系的投入产出将严重不成比例,这也是当前气象部门场站气象服务严重萎缩的重要原因之一。

（三）眼前与长远的矛盾

当前,部分省级电网公司和发电企业,通过与气象部门合作开发大数据共享平台、支持核心技术研发等方式,获得气象要素格点产品服务,省级平台投入达百万元以上,央企区域公司为 300 万～500 万元。这些合作对于气象部门来说,技术要求没有场站服务精准性要求高,运维压力小,且收益可观,一定程度影响了气象部门深耕场站精细功率预测服务的积极性。

（四）贡献与分配难匹配

前端数值预报产品快速更新同化,大量耗费人才、算力、存储、传输资源。开展核心预报产品质量检验,需要大量收集能源电力行业测风塔、风机气象观测、光电站辐照度、发电功率等资料,并做质控处理。要做好场站气象服务,功率预测软件的更新维护、场站气象防灾减灾的贴心服务,需要发挥基层气象部门积极性并体现其贡献。如何做大蛋糕同时也要分好蛋糕,是当前优化专业气象服务机制需要解决的重要课题。

四、下一步工作计划

尽管风光电场气象服务要求高,达不到一定规模服务收益低,但调研组认为,目前气象部门有自主研发的区域数值预报模式、有冬奥"百米级分钟级"核心技术成果基础、有国省两级的新能源技术队伍、有垂直管理的体制优势,无论从服务国家能源安全,还是从促进精准预报精细服务、创新优化专业气象服务机制角度,都值得和必须举部门之力为发展新能源发电场站气象服务领域做出成绩。

（一）加快推进场站发电气象数值预报产品业务化制作

鼓励数值预报中心、北京市气象局、上海市气象局和广东省气象局等有能力和意愿的单位,以现有区域数值预报模式为基础,在预报要素、预报时效、时间分辨率、更新频次等方面进行专业化研发和改进,以满足新能源预报的基本需求;同时,加强数值预报核心技术攻关,进一步考虑山地等复杂地形条件特征,提升沙尘、强对流等转折性天气下轮毂高度风速和辐照度预报性能。公共气象服务中心进一步研发基于多模式集成的新能源智能网格预报产品,逐步建立国家级新能源预报业务;会同北京市气象局实现冬奥"百米级分钟级"核心技术在新能源场站预报中的应用;协调中国气象局高性能计算和存储资源,优先保障场站发电气象数值预报产品业务化制作。

（二）搭建国省协同的业务系统,实现产品检验评估和"一场一策"服务

支持中国气象局公共气象服务中心以服务产品检验评估和"一场一策"算法支撑为优先建设内容,开展国省协同的能源气象业务系统建设。实现各省气象局测风测光数据上传收集质控清洗,集成各相关单位数值模式产品、模式数据后处理算法、基于场站点位的订正算法和功率预报算法等产品算法,在此基础上开展风能太阳能数值预报要素产品、集成预报产品、功率预测产品质量标准化检验评估,采用"赛马制"为能源企业提供最优质的发电场站气象预报服务。开发"一场一策"精细化气象数值预报产品定制下载和统计功能,量化产品贡献。同时,欢迎社会企业参与能源气象预报产品的实时检验。

（三）发挥体制优势,建立国省协同联动的能源气象服务模式

强化能源气象服务业务体系建设,参照天气预报业务,厘清能源气象服务从模式预报、预报后处理、功率预测、场站服务整个业务链条,打造国家新能源气象台,培养新能源天气预报员,逐步建立国家级新能源预报业务,解读新能源高影响天气气候事件发生、发展的机理和过程,为全国新能源发电、调度、交易和防灾减灾提供决策依据。省级气象部门依托业务系统,重点开展本省能源气象服务产品订正和优化,并依托市县气象局开展场站服务。依靠业务系统在产品分发和质量检验方面量化各相关环节和单位的贡献,建立形成国省联动、分工合理、责任明确、利益共享的上下一体化专业气象服务模式。

（四）推进试点突破，树立气象部门发电功率预报服务品牌和口碑

以甘肃、青海等已经由电网公司开展功率预报准确率实时检验的省份为试点，汇集全国风能太阳能专业技术力量，组织风光功率预报准确率集中攻关，争取领先排名；以国家电投山西风电场以及湖北、河北等省气象部门能够获得气象观测和功率预测资料的场站为试点，率先实现气象部门功率预报核心产品质量检验，向能源央企展示推荐气象部门发电功率预报服务能力，树立品牌和口碑，扩大气象部门场站发电气象服务规模和效益。

吉林省黑土地保护气象服务能力建设调研报告

王世恩　高　岩　王美玉　王冬妮　郭　维

（吉林省气象局）

为贯彻习近平总书记关于黑土地保护工作的重要指示精神，落实党中央关于大兴调查研究的重要决策部署，吉林省气象局开展了"黑土地保护气象服务能力建设研究"的专题调研，目的是以黑土地保护的气象服务需求为契合点，找准问题、厘清需求，提出具有可行性和可操作性的对策、建议和举措，促进黑土地保护工程实施，探索气象服务保障粮食安全新路径。

一、调研基本情况

为高效扎实推进专题调研工作，吉林省气象局制定了《黑土地保护气象服务能力建设研究调研方案》，明确了具体调研任务和进度安排。调研组通过专家咨询、走访座谈、文献调查等多种形式开展了吉林省黑土地现状及保护等前期调研。2023 年 6 月 6—8 日，吉林省气象局党组书记、局长王世恩率调研组赴吉林省农业科学院、梨树黑土地研究院、公主岭、扶余、榆树等地开展实地调研，中国气象局主题教育第二指导组下沉指导，陪同调研。调研组在前期调研成果的基础上，形成本调研报告。

二、黑土地概况

黑土地是一种性状好、肥力高且非常适合植物生长的土壤，是珍贵的农业资源和重要的生产要素，在农业生产中占有极其重要的地位。因土质中富含有机质，颜色较一般土壤更黑，故得名黑土地。

（一）黑土地的分布

全球黑土地数量极少，十分珍稀。在全球 1.49 亿平方千米陆地面积中，黑土地总面积仅约 500 万平方千米，主要分布在东欧乌克兰大平原、美国密西西比河流域、中国东北平原以及南美洲潘帕斯大草原。我国黑土地主要分布在东北平原,行政区域涉及辽宁、吉林、黑龙江以及内蒙古东部的部分地区。其中吉林省黑土区位于东北平原黑土的核心区域,全省黑土地耕地面积 9811.01 万亩(1亩=0.0667 公顷),占全省耕地总面积的 87.23%,覆盖全省 9 个市(州)60 个县(区)。

(二)黑土地的形成

黑土的形成过程十分缓慢并且与气候关系密切。黑土区夏季气候温和湿润,冬季寒冷干燥,土壤母质具有较好的储水性,是黑土地形成的基本气候条件和地质条件。黑土的成土过程主要包括腐殖质积累与分解过程、淋溶与积淀过程两方面。土壤学家测算认为,每形成 1 厘米厚的黑土层,需要经历 200~400年时间,我国东北地区黑土层厚度一般可达 30~100 厘米,其形成过程至少需要万年以上。

三、黑土地退化情况及原因

目前,东北黑土层总体呈现"变薄、变瘦、变硬"的趋势,即黑土地遭侵蚀后黑土层变薄、有机质减少、容重增加等,严重削弱了黑土地对气象灾害的抗逆能力,制约了黑土区的粮食生产能力。黑土地退化的主要因素包括自然因素和人为因素,自然因素是驱动黑土地退化的基础和自然条件,而人为因素在自然条件的基础上加剧了黑土地退化过程。自然因素中,气候变化、土壤性质、构造差异性活动、土壤侵蚀和地球化学环境变化是黑土地退化的主要自然控制因素,其中气候变化对黑土地退化起到至关重要的作用,主要表现为风蚀、雨蚀、冻融侵蚀。

长期气象观测数据显示,东北黑土区气候变暖趋势明显,过去 60 年平均气温增速 0.31 ℃/10 年,≥10 ℃积温已由 20 世纪 60 年代的 2830 ℃·日增加到现在的 3250 ℃·日。降水量小幅度增加,但降水时空分配不均衡态势加剧,干旱与洪涝灾害风险增加。随着气候变暖导致微生物活性增强,包括黑土地的过度利用,降低了抵御气候灾变的能力,加快了多年冻土层融化以及土壤有机碳矿化速率和氮的流失,造成地力下降,同时,气候变暖使土壤水分蒸发加剧,导致土壤盐渍化,加剧了黑土地的水土失调。

四、黑土地保护利用现状

东北黑土区无论是开发利用还是相关研究均较中国其他区域乃至国外其他

黑土区晚。2000年前后东北黑土区才开始被广泛关注。从工程层面,国家陆续实施了一系列工程措施进行黑土区水土流失防治。从政策层面,近年来,国家和吉林省也陆续出台了一系列规划、方案、法规等,针对黑土地保护工作打出组合拳,如《东北黑土地保护规划纲要(2017—2030年)》《国家黑土地保护工程实施方案(2021—2025年)》《中共吉林省委 吉林省人民政府关于全面加强黑土地保护的实施意见》《吉林省黑土地保护总体规划》等,2018年吉林省出台《吉林省黑土地保护条例》。2022年8月1日,中华人民共和国《黑土地保护法》正式实施,是世界上第一部专门针对一个土类进行立法保护的法律,这部法律为我国黑土地保护提供了坚实的法律依据。

保护性耕作是黑土地保护利用的重要技术措施之一,由于黑土地布局存在明显的地理区位差异,因地制宜、因区施策成为有效解决黑土地诸多痛点问题的重要举措。如吉林省梨树县的梨树模式、黑龙江省龙江县的龙江模式、黑龙江省建三江垦区的三江模式和内蒙古自治区阿荣旗的阿荣旗模式,均是根据自身地理区位因素开展的黑土地保护技术模式。

五、黑土地保护利用气象服务需求分析

(一)气候变化导致东北地区农业生产不确定性增加

在全球气候变化的背景下,近30年东北地区气温整体呈升高趋势,年平均气温每10年升高0.38 ℃,显著高于全球及全国平均水平。作物生长季内≥10 ℃的积温呈增加趋势,每10年增加46.7 ℃·日,而降水量总体呈减少趋势且年际波动增大;太阳总辐射量呈增加趋势,每10年增加29.5兆焦/米²。干旱、洪涝、高低温和大风等极端天气气候事件发生的频率和强度增加,严重威胁农业生产。因此,做好气候变化背景下的黑土地保护利用气象服务,对于科学应对气候变化、趋利避害、保障粮食稳产增产尤为重要。

(二)黑土地保护利用技术实施对气象服务需求日益迫切

一是对精细化农业气候资源区划的需求。黑土地保护性耕作主要以秸秆还田为主,秸秆还田的方式不同,对于耕作成本、土壤小气候状况等均有较大影响。同时水分、光照等条件都决定了采用什么样的保护性耕作方式,因此需要对全省农田进行精细化的农业气候区划,掌握各地温、光、水资源的时空分布特征,以便能够精准施策,选择适合的保护性耕作方式,实现高产稳产的生产目标。

二是对农业生产全过程精细化气象服务的需求。黑土地保护性耕作对农田气候资源利用的精细化程度要求更高,由于保护性耕作的主要手段之一是免耕少耕,减少人为干预,因此需要对作物生长的全过程、各阶段开展精细化的农业气象服务,精准掌握温、光、水等农业气象条件及对作物生长发育的影响,以便精准、高效、科学开展田间管理工作。精细化、全流程的农业气象服务不仅可以支撑农业生产有效利用气候资源,还能够节约农业生产成本。

三是对保护性耕作区农业小气候客观监测的需求。调研发现,黑土地保护性耕作技术日趋成熟,效果也较为明显,但保护性耕作技术的推广上遇到的阻力较多,如机械化成本较高,需要大面积连片耕地才能实施,农民对这种耕作方式认识不到位的其中一个原因就是农民认为保护性耕作方式一定程度影响农田小气候,需要气象部门从客观监测和理论分析方面给予证明和支撑,助力黑土地保护性耕作方式因地制宜广泛推广。

(三)黑土地保护利用科技研发需要气象部门参与

随着气象服务在黑土地退化规律研究、保护性耕作、农业防灾减灾等黑土地保护和利用方面发挥越来越重要作用,在黑土地保护利用、黑土地防灾减灾等关键技术研究与攻关方面,相关高等院校、科研院所、农业和气象部门需紧密协作,充分发挥各部门、各单位优势,搭建多学科、多角度、多层次的交流平台,加大科技深度合作,共同参与到黑土地保护相关科研和技术服务中来。

六、黑土地保护利用气象服务现状及问题

(一)黑土地保护利用气象服务前期工作开展情况

近年来,吉林省气象部门针对黑土地保护工作,结合部门职责和优势多方面开展了黑土地相关的科学研究和业务服务探索。

一是利用卫星遥感技术开展了黑土地退化监测分析。建立了以 Landsat 多光谱数据为主的卫星遥感黑土有机质监测模型,开展黑土地有机质变化监测的遥感模型精度评估,为有关部门提供了参考依据。

二是开展了农业气候资源区划。利用 1986—2015 年的气象资料,对吉林省农业气候资源进行详细分析和评价,形成了《吉林省精细化农业气候资源和农业气象灾害风险区划图集》,为黑土地保护性耕作方式的合理推广提供有力支撑。

三是开展了黑土区陆地植被固碳能力变化评估。建立了吉林省本地化陆地

植被生态质量监测评估体系和卫星遥感固碳监测地面验证模型,对吉林省黑土区不同县(市)草地、农田(旱田、水田)等植被系统固碳能力变化情况进行监测分析。

四是推进黑土地保护气象服务科技创新。吉林省气象部门先后与中国农业大学梨树实验站、国家黑土地现代农业研究院签订协议,联合成立黑土地农业应对气候变化研究中心,共同推进黑土地研究工作。2023年作为主要依托单位成立黑土地与防灾减灾联盟,与中国农业大学黑土地现代农业研究院共建黑土地与防灾减灾联合开放实验室。先后参加中国科学院战略性先导科技专项、中国气象局创新发展专项,聚焦东北黑土区土壤肥力和土壤侵蚀监测评估,为黑土地保护气象服务工作奠定一定科研基础。

(二)目前黑土地保护利用气象服务存在短板

尽管气象部门在黑土地保护与利用气象服务方面做了有益的尝试和探索,但很多工作刚刚起步,与社会需求之间还有差距。

一是在黑土地保护利用中气象作用发挥不够。目前,东北地区气象部门很少参与到高标准农田建设等黑土地保护利用的工程建设中,这在很大程度上限制了气象作用的发挥。

二是尚未完全建立与黑土地退化、黑土地保护利用相关的气象业务。黑土地退化、黑土地保护气象监测是开展相关服务的基础,也是黑土地退化气象影响机制研究的重要支撑。但目前关于土壤风蚀、水蚀、冻融侵蚀等黑土地退化方面的气象监测相对较少。黑土地保护利用的气象服务针对性也不强。

三是黑土地保护利用气象科技支撑研究还需进一步深入。在全球气候变化背景下,如何为黑土区种植业结构调整、病虫害防治等提供更有力的科学依据是摆在气象部门面前的一大课题。此外,气象部门前期黑土地保护相关研究还局限于气候变化对黑土地土壤侵蚀影响的初步研究,黑土地生态气象监测、试验能力不足,需要进一步深化局校合作,持续推进黑土地相关气象研究,加强科技成果转化,提高黑土地保护气象科技支撑能力。

七、未来发展建议

(一)发挥气象部门优势,积极融入黑土地保护利用工程建设

进一步加强与农业部门在黑土地保护利用上的合作,通过加强气候条件变

化对黑土地影响的监测评估和区划,开展气象对黑土地影响的滚动监测,建设黑土地保护利用农业气象监测预估预警系统等一系列工程建设,逐步提升气象服务黑土地保护利用能力,让黑土地保护利用措施更完善、更科学。

（二）逐步建立黑土地退化和保护利用气象业务

建立现代黑土地气象监测体系,不断优化完善农业气象观测设施站网布局。发展黑土地保护利用气象服务,定期开展气候变化对黑土地影响的监测评估,充分利用智能网格预报、卫星遥感等技术,开展分区域、分阶段、分作物、分环节的精细化农业气象服务,精准指导农业生产。

（三）预防减缓气象灾害,保护提升黑土地质量

加强洪涝、干旱、台风、低温冷害、冰雹等农业气象灾害的监测预警,不断提升农业气象灾害预警准确率。针对吉林西部干旱多发的特点,加强人工影响天气基础设施建设,提升增雨抗旱和防雹能力,改善西部土壤含水量,缓解土地盐碱化。做好气候变化介导的病虫害发生潜势预测和预警,构建病虫害发生发展趋势准确预测和预警体系,也是未来黑土保护利用应对气候变化的重要内容。

（四）开展新一轮精细化农业气候资源区划

对于黑土地保护气象服务来说,要更加注重黑土地保护性耕作区农业气候资源状况的普查,结合土壤类型、地形等条件,分区域、分地块、分作物对农业气候资源进行综合分析和评估,为黑土地保护性耕作方式在不同区域不同作物上的推广应用提供更加精细、有力的科技支撑。

（五）转变服务理念,提升黑土地保护利用效率

要将家庭农场、农机大户、农民专业合作社、农业企业和种粮大户纳入农业气象"直通式"服务的重点用户群体,不断转变服务思路,融入针对黑土地保护性耕作模式下的农业气象条件分析、气象灾害影响预估等信息,优化农业气象服务方式,提升农业气象服务质量。

（六）持续加强黑土地保护气象服务科技创新

深入研究水蚀、风蚀和冻融侵蚀的发生规律及其趋势变化,建立有效的监测、分析和预估方法,从气候变化角度对黑土区保护和种植结构调整给予科技支撑。积极争取更多项目支撑,提高黑土地保护气象服务支撑能力。

关于海洋气象发展情况调研的报告

任振和[1]　牛官俊[2]　修天阳[1]

(1. 中国气象局计划财务司;2. 中国气象局气象发展与规划院)

为落实党中央、国务院关于海洋气象发展的决策部署,推动学习贯彻习近平新时代中国特色社会主义思想主题教育取得实效,2023 年 4—6 月,按照国家发展和改革委员会要求,中国气象局、国家发展和改革委员会和自然资源部组成联合调研组先后赴广东、海南、山东、辽宁、上海和浙江开展海洋气象发展专项调研,实地了解《海洋气象发展规规划(2016—2025 年)》(简称《规划》)落实情况、海洋气象业务发展现状及需求、部门间共建共享、远洋气象导航建设需求等。

一、调研基本情况

在调研省气象局、省发展和改革委员会等部门的积极协助和密切配合下,联合调研组先后到相关部门、仪器设备厂家、海洋气象服务对象等开展实地调研,了解了海洋气象监测、预报服务和装备保障等现状及需求,海洋气象装备发展情况,听取一线业务人员、地方政府及部队单位的意见和建议。

调研期间,围绕远洋气象导航、《规划》落实、部门共建共享以及气象供给需求等调研目标,联合调研组与调研省气象、发展改革、自然资源、交通、应急管理、农业农村、海事等部门,以及北京海兰信数据科技股份有限公司海南办、上港集团、上海市客运轮船有限公司等企业进行专项座谈交流。

二、海洋气象业务开展情况

近年来,涉海省(区、市)气象部门在中国气象局和地方各级党委政府的坚强领导和大力支持下,通过海洋气象综合保障一期、二期国家重大工程和地方专项工程等,海洋气象业务能力有效提升,海洋气象服务取得显著成效。

（一）气象部门海洋气象业务开展情况

1. 海洋气象综合观测能力显著提升

以海洋气象预报和服务需求为导向，基本建成了岸基、海基、空基、天基气象观测系统，涵盖海岛和平台自动气象站、海洋浮标站、飞机综合探测系统、地波雷达和海洋灾害性天气卫星监测等内容，海洋气象观测站网密度逐步加大，观测手段逐渐丰富，观测范围由岸基向远海延伸。海南省基本建成了海南岛、西沙群岛和南沙群岛观测区，观测范围向南推进了约1000千米，观测范围由岸基向近远海延伸。广东省气象局启动国内首个具有自主产权的大竹洲岛基地等重大观测设施建设，利用卫星遥感反演产品开展南海海洋生态监测并发挥重要作用。上海、浙江建立了华东台风业务科学试验基地，初步具备了开展多目标、多平台协同的台风野外科学观测试验能力。

2. 海洋气象预报预测水平明显提高

海洋气象灾害监测分析、预报预警、数值预报系统初步建成，近海海区预报产品空间分辨率均已达到5千米，时效达到7天，台风24小时预报强度准确率较2015年提高9.3％。广东建成了亚太区域9千米、南海区域3千米、重点区域1千米的海洋气象数值预报系统，海上大风、海雾、强对流等灾害性天气监测率达95％以上。上海建立了海洋天气预报预警业务系统，搭建了黄东海区域台风海气浪耦合模式系统，联合上海人工智能实验室和部分高校，研发全球中期天气预报大模型"风乌"，实现"盘古"气象大模型的实时本地试运行。

3. 海洋气象公共服务业务体系初步建立

海洋气象公共服务业务体系初步建立，建成北斗卫星海上预警信息发布系统，实现预警信息中国海域100％覆盖，开展了面向港口航运、海上石油开发、近海渔业养殖和海上捕捞等的海洋专业气象预警服务，实现我国主要港口、航线气象服务全覆盖。山东建成了海洋气象预警信息发布系统，实现多部门预警信息的快速收集、统一发布。上海、广东建成了海洋气象信息传真数据系统，实现海洋气象信息传真图制作和播发功能，填补了中国在气象传真图领域的空白。

4. 海洋气象信息处理能力明显加强

完成海洋气象信息安全系统、卫星应急通信系统和国、省两级基础设施资源池扩充，海洋气象观测资料和全球海洋气象信息的收集、存储和分发服务能力显著增强，海洋气象数据传输时效和可靠性得到提高。广东升级改造了省级气象通信系统,完善信息安全防护措施,构建了用于存储海洋气象资料的分布式存储和计算服务能力。辽宁完成集约化资源池的存储扩充以及网络改造,实现海洋气象观测数据存储、分发。

5.海洋气象装备保障能力得到增强

建立了涵盖数据传输、设备运行监控、维护维修、计量检定与业务管理等方面的标准化装备保障业务体系,广东基本完成了海洋气象观测站通信升级改造,气象观测设备的数据传输能力得到提高,建成了海洋气象装备运行监控系统,实现了对14大类海洋气象探测设备全流程在线实时可视化监控。上海、海南搭建了海洋气象观测设备专业试验比对平台,改进了现有测试维修平台软硬件条件,提升了海洋气象观测设备维修保障能力。

(二)涉海部门合作共享协作情况

气象部门与涉海部门和企业密切联系,建立健全海洋气象共建共享机制,推动观测站网和设施平台共建共用、数据资料开放共享,以及防灾减灾服务协作,联合攻关海洋气象科技创新取得积极成果。

观测站网建设方面。气象部门近40个浮标站和海洋部门约27个浮标站数据实现了实时共享。海南省气象局利用航标处管辖的海上灯浮标等设施,搭载海洋气象观测设备,并联合开展维护保障。山东省气象局在远洋船舶、石油平台等其他部门设施部署气象观测设备,多渠道拓展海上观测能力建设,实现优势资源互补共享。

观测数据共享方面。气象部门每日分发给海洋部门的数据共6类770 GB,汇交海洋部分的数据3类20 GB。浙江省气象局与省自然资源厅、省水利厅之间建立了实时数据共享。海南省气象局与33家单位开展数据共享,接口访问量月均17.5 TB,访问次数1300万次,年共享数据量约95 TB。

防灾减灾服务协作及联合创新方面。上海市气象局与交通运输部东海航海保障中心和上海海事局签署合作协议,共同强化预警信息发布和灾情共享,联合完善海上应急处置预警机制和业务流程。广东省气象局与高校、南海舰队合作开展热带气旋预测研究,与深圳大学联合开展国家重点研发计划项目,研究海上救助飞机适航条件——低空飞行气象服务保障技术。

(三)艇载台风追踪探测仪器和气象数据服务企业情况

北京海兰信数据科技股份有限公司是一家从事智能航海、海洋观测、海底数据服务的上市公司,产品在民用和军标市场均有应用。截至 2022 年底,该公司在全国共建设近 300 个基站,投资约 6 亿元,分布于从广西至辽宁的沿海,现已发展至沿江及内陆湖泊、水库等,为企事业单位、科研院所等提供数据服务,统一购买单站价格为 35 万~40 万元/年。

据曹先彬教授介绍,以艇载台风追踪探测仪器为代表的新型无人飞行平台已经基本具备支持广域气象立体探测的技术条件,跨平台的陆海空天一体化信息感知、通信等技术已经进入可用化的阶段,初步具备长期滞空、广域机动和抵近跟踪的低成本感知探测能力,预期可以有效拓展空间大气科学探索、极端气象探测预报预警等业务。

三、调研发现的问题

(一)服务海洋强国战略能力有待提升

按照世界气象组织提出的海上气压、风速 100 千米水平分辨率要求计算,我国海域面积约 47.3 万平方千米,需要约 602 个站位,气象部门 40 个和海洋部门 60 个浮标全部共享,不考虑船舶、海岛、近海雷达覆盖等原因,平均空白区域约占 83%。以我国最大的南海海域为例,海洋气象观测大多集中在离岸 50 千米以内的海岸带或者岛岸带,中远海观测站点稀少,海域覆盖或示范性站点不足,在重要航线、远洋渔场、可燃冰等战略能源区域、台风等天气气候系统源地等关键区域的气象观测站点覆盖不足,垂直观测站点相对较少,缺少对做好气象预报服务和模式预报等有较大影响的海面以下的海洋观测数据。另外,远洋气象导航所需要的海洋气象预报服务技术远高于一般的海上气象服务要求,但气象和海洋部门目前仅初步解决了各自负责的水面以上的气象问题和水面以下的海洋问题,尚未将两者深度结合,远洋气象导航所需要的技术能力与国外差距较大,难以满足海洋强国战略对海洋气象预报精准度和服务精细化的要求。

(二)共建共享共用水平有待提高

一是观测站网规划缺少统筹。站网规划阶段部门间存在交叉,导致有些观测站点距离仅几千米到十几千米,存在重复建设。二是缺少统一的标准。涉海省(区、市)各部门虽然实现了一定程度的数据共享、设备共建共用,但是由于设备研发阶段缺少统一的标准,应用阶段也尚未建立统一的标准规范,数据的集成应用难度大;同时由于职责分工等原因,对海上平台设施建设内容缺少统一规划,对职责内的考虑多,对职责外的考虑较少,没有发挥出海上平台设施建设的最大效益。三是数据共享不够。海面以上的气象数据共享较多,海面以下的海洋观测数据共享不够,部门间的数据共享量也存在较大差异,气象部门共享的年数据多,但外部门共享给气象部门的数据量很少。

(三)涉海工程建设和业务维持资金不足

工程建设领域,海洋观测设备建设费用不足。开展海洋观测装备建设,需要专门租赁船只或者搭载军舰等登岛建设,建安成本要远高于近海和内陆地区。据统计,可通车的半岛或者可通航的岛屿建设自动气象站的建安费高于内陆地区,防雷费用比陆地高3倍;需租船登岛的(以距离50海里为例,1海里=1.852千米),租船价格每天0.3万~2万元不等,施工最少需要两天,实际所需费用是内陆的2倍左右。在50海里以内布设10米和6米浮标,所需租渔船费用4万~6万元;如距离超过50海里,需要租赁专门的工程船,每天费用8万~20万元,浮标布设的费用20万~50万元甚至更高。海洋气象观测设备的备份比例低,难以保障设备正常业务运行。据了解,西沙海洋环境监测站(永兴岛)按1:1备份比例进行备份尚难以满足业务稳定可靠连续运行,而海洋气象综合保障一期工程中的观测设备备份比例仅为5:1,二期工程中的备份比例更低。同时,由于海洋观测设备地处高温高盐高湿,设备寿命远低于内陆地区。据统计,内陆的自动气象站使用寿命大于8年,海岛上的平均使用寿命仅为4年。此外,海洋气象综合保障工程设备投资参照陆地采用定额或均价方案进行核定,造成观测设备建设费用存在缺口,难以满足建设的实际需要和业务的正常稳定运行。

业务运行领域,业务维持经费偏高。涉海的设备故障率明显偏高,海岛上的设备运行维护成本远高于陆地。以电费及巡检为例,三沙永兴岛电费约1.8元/度、珊瑚岛电费2.6元/度,远高于内陆地区;海岛站租船巡检2.2万元/天,一次巡检15天左右,一次巡检约需要33万元。对于浮标的运行维护,主要是每年一次的人力成本和传感器换新以及3年一次的回港大修,因此,每站至少配备2套传感器;对于10米和6米浮标每3年回港大修一次费用在140万~200万元不等;对于3米及以下浮标,每2年回港大修一次费用在40万~70万元不等。

四、下一步工作建议

(一)加强顶层设计,统筹协调发展

一是建议计划财务司加强与国家发展和改革委员会沟通,在后续《规划》修

编中充分发挥国家发展和改革委员会的统筹协调作用,做好海洋观测站网统筹设计,在考虑各部门需求的前提下,推动涉海部门分区承担海洋气象观测站网建设,逐渐改变以往部门共建的模式,同时出台涉海部门加大数据共享共用措施,推动数据共享共用力度。二是建议政策法规司牵头,会同相关职能司和相关部门企业,从加强行业管理、统一标准规范等方面提出更切实可行的措施,提升共享数据的可靠性和可用性,切实发挥共享数据作用。

(二)加大资金投入,确保高质量发展

一是建议计划财务司在《规划》后续修编工作中,加强与国家发展和改革委员会的沟通,加大远洋气象导航能力提升所需的海洋立体观测站网建设、大气和海气界面以及海洋要素(波浪、海流、温盐等)的同步观测、海气模式和远洋导航核心技术的研发和应用投入;在工程设计实施工作中,加强与国家发展和改革委员会和财政部的沟通,充分考虑海洋环境的特殊性和恶劣性等影响因素,强化资金对工程建设和运行的保障支撑作用,同时适当向地方所需的海洋气象服务需求投入中央资金,调动地方投资建设的积极性,共同促进海洋气象业务水平提高。二是建议计划财务司牵头,相关职能司参与,在国家发展和改革委员会的指导下,探索开展数据资产化等重大问题研究,在部分领域试点开展购买气象数据业务服务、纳入工程建设内容的模式,最大程度发挥中央资金效益。

(三)强化科技创新,加强人才培养

建议在《规划》后续修编的工作中,一是加强科技创新投入,国家层面加大气象科技创新所需的大型综合试验基地、重大技术创新平台等基础设施能力提升的建设投入,带动气象领域关键技术突破和核心技术自主可控,激发相关产业和市场发展;同时,加大海洋气象工程试验研究投入力度,解决海洋气象工程建设和效益发挥中的重大科学难题。二是建议综合观测司牵头,计划财务司参与,推动引导艇载台风追踪仪等临空信息系统技术进入气象探测业务领域,并尽快组织针对性应用示范,纳入后续海洋工程建设。三是加强海洋气象业务人才的培养培训等。

聚力风光功率预报服务能力提升,为能源安全战略和能源强国建设提供坚实支撑

裴顺强　　丁秋实　　姚锦烽

（中国气象局公共气象服务中心）

为深入学习贯彻习近平新时代中国特色社会主义思想,全面落实党的二十大精神及习近平总书记对气象工作重要指示精神,按照主题教育和调查研究有关要求,中国气象局公共气象服务中心坚持问题导向、目标导向、结果导向,围绕风光功率预报服务能力提升开展调研。有关调研情况如下:

一、调研背景

习近平总书记重要讲话和指示精神为新时代能源安全和能源强国建设提供根本遵循。2014 年习近平总书记创造性地提出"四个革命、一个合作"①能源安全新战略,为新时代能源发展擘画宏伟蓝图;2021 年中央经济工作会议上,习近平总书记作出"加快建设能源强国"重要指示;2023 年 7 月,习近平总书记在江苏考察指出,能源保障和安全事关国计民生,是须臾不可忽视的"国之大者"。

能源领域是推进碳达峰碳中和的基础和关键,必须坚定不移地走绿色低碳发展道路。2020 年党中央作出"碳达峰、碳中和"重大战略决策。2021 年,《2030 年前碳达峰行动方案》提出,"构建新能源占比逐渐提高的新型电力系统"。党的二十大报告提出,"立足我国能源资源禀赋,坚持先立后破,有计划分步骤实施碳达峰行动"。

经济社会发展绿色化、低碳化是高质量发展应有之义和重要推动力。绿色低碳发展是新时代科技革命和产业变革的方向。如果说实现"双碳"目标,能源是主战场,电力是主力军,那么新能源就是"劲旅",也是高质量发展的推动力。

---

① 推动能源消费革命,抑制不合理能源消费;推动能源供给革命,建立多元供应体系;推动能源技术革命,带动产业升级;推动能源体制革命,打通能源发展快车道。全方位加强国际合作,实现开放条件下能源安全。

风能、太阳能在能源消费中占比持续提升，行业需求旺盛，气象部门有责任做好风光功率预报服务。实现"2030 年非化石能源消费比重达到 25％左右，2060 年达到 80％以上"目标，"十四五"时期，我国可再生能源将进一步引领能源生产和消费革命。《"十四五"可再生能源发展规划》提出，要提高气象灾害预警精度，提升电力可靠供应裕度和应急保障能力。《气象高质量发展纲要（2022—2035 年）》也要求提高风电、光伏发电功率预测精度。风能、太阳能被视为实现全球能源转型关键，精准风光功率预报是新能源高比例消纳、电力调度平衡及能源稳定保供的重要支撑，但不稳定性使得其与能源电力系统的稳定可靠性要求还有差距。

二、主要做法

（一）坚持问题导向，找准调研切入点

在调研前，组织学习习近平新时代中国特色社会主义思想和党的二十大精神，习近平生态文明思想、经济思想，习近平总书记关于气象工作和能源的重要指示精神，认真研究"双碳""1＋N"政策体系、气象高质量发展纲要等文件，对新能源气象服务新形势、新任务和新要求进行研判，并结合在长期新能源气象服务开展过程中发现的需求、问题和短板，找准对能源绿色低碳转型和能源安全有重要影响的"风光功率预报"这一牛鼻子问题进行深入调研。

（二）坚持统筹谋划，设计调研方案

一是确定两大类调研对象。风光功率预报服务涉及服务供需两方，场景较多，综合考虑全面性、代表性以及资源可触达能力，确定在需求侧以风光电站，以及发电集团、电网调度中心为主要调研对象；供给侧以气象部门、行业企业为主要调研对象。二是明确多种形式调研相结合。确定资料调研、实地调研及数据采集等调研形式，力求调研内容全面、调研结论科学。

（三）坚持深入一线，了解业务痛点

一是注重调研覆盖面。在需求侧，先后赴湖北、甘肃等地 7 个风光发电场站和 4 个区域调度中心开展实地调研，与 3 个新能源发电集团开展面对面座谈；在供给侧，赴 2 个行业企业及气象部门实地座谈。二是调研注重"深"和"透"。对需求侧功率预报服务现状、应用场景、服务需求，对供给侧技术水平、人员配置、

业务流程进行全链条了解,为推动新能源气象服务发展提供一手、鲜活资料支撑。三是注重了解能源行业发展政策。新能源高质量跃升发展任务艰巨,对资源详查、用地用海、气象服务、财政金融等方面提出了高要求,调研中加强对相关的土地、财政、金融等支持政策的调研,强化政策协同保障。

(四)坚持结果导向,注重发挥实效

坚持带着问题去,带着答案回,在重点领域不断深挖,刀刃向内,实事求是提出存在问题,分析提出可行政策建议、制定任务清单。同时,及时组织调研交流和研讨,切实增强紧迫感和责任感,在思想上紧起来、在行动上快起来、在措施上细起来,确保取得实效。

三、主要调研成果

(一)全面认识我国能源发展形势

根据《中华人民共和国 2022 年国民经济和社会发展统计公报》,2022 年能源消费总量达 54.1 亿吨标准煤,同比增长 2.9%。其中,煤炭消费量占能源消费总量的 56.2%,天然气、水电、核电、风电、太阳能发电等清洁能源消费量占能源消费总量的 25.9%。

(二)深入了解功率预报场景需求

1. 进一步明确功率预报服务定位及场景

在发展定位方面,功率预测是新能源发电并网、电网稳定运行、企业提升效益的重要支撑。

在应用场景方面,场站应用功率预报进行新能源发电并网并应对电网考核;调度中心应用功率预报开展电力平衡调度,保证电网电力平衡及安全运行;新能源发电集团应用功率预报对所建场站运行进行评估管理及开展电力交易,提升企业效益。

2. 新型电力系统对功率预报服务产品要求高

一是功率预测时效尺度要求全,能源电力行业需要超短期(未来 4 小时)、短期(未来 3 天)、中期(未来 10 天)、长期(未来 12 个月)各时间尺度的预报预测。

二是功率预测准确率要求高,风功率预测准确率应达到超短期第 4 小时≥87%、短期日前≥83%、中期第十日≥70%,光功率预测准确率应达到超短期第

4 小时≥90％、短期日前≥85％、中期第十日≥75％。超短期和日前的功率预测准确率是电网最关注的指标。

三是时空分辨率要求精细，超短期、短期和中期功率预测均要求 15 分钟间隔；长期电量预测要求逐月间隔。空间分辨率来看，电站需要精细到场站尺度预报，电网公司和发电企业需要 3 千米×3 千米，风光电场集中区 1 千米×1 千米格点预报及调度管理区域内总功率预测产品。

3. 技术层面上功率预报要求的气象预报与常规气象预报重点有错位

一是短期预报无法使用现场实时数据滚动订正。因行业对网络安全规定，风光电站不具备把风光等现场观测数据回传功率预报提供单位（如气象部门），开展天气预报实时订正的可行性低。

二是气象预报准确率最高的前 24 小时在功率预报中无法使用。电站上报电网的功率预报是在每天 08 时前，上报的是第 2 天 00 时开始的功率预报。考虑模式起报和运算时间，以中国气象局风能太阳能气象预报系统 2.0 版为例，每天 20 时起报，数值模式中有 28 个小时的预报时长无法支撑功率预报，且是准确率相对最高的时间段。

（三）全面了解功率预报供给侧现状

1. 市场占有

一是市场格局较为稳定。目前开展功率预报服务的厂商主要有国能日新、东润环能、远景科技、金风科技等企业，气象部门有湖北、新疆、甘肃、河北、青海等省（区）气象局。

二是头部企业占半壁江山。国能日新功率预测市场占有率最高，为 30％左右，金风科技占比 20％左右，其他公司也占有一定市场份额。

三是气象部门市场份额少。气象部门服务场站数量相对较少，市场占有率十分低。

2. 人员配置

一是行业企业团队配置完善。国能日新搭建 200 余人的技术团队：算法团队负责数据模型研发订正；软件团队负责研发功率预测系统；服务团队负责各场站系统安装、接口调试、网络通信等，提供全生命周期管家式服务。

二是气象部门人员配置少。从事功率预报服务的省级气象服务中心拥有能源气象服务团队，但团队人数较少。

3. 气象预报模式来源

功率预报提供商主要以从国外购买精细化气象模式数据为基础,通过自主订正算法研发功率预测模型开展服务。金风科技模式数据来源为欧洲中期天气预报中心(ECMWF)、美国国家气象局(NWS)、日本气象厅、中国气象局等,同时企业还依托 WRF 模式运行了重点区域预报模式。

气象部门功率预报预测模型基于中国气象局公共气象服务中心下发的 CMA-WSP2.0 模式,并不同程度融合了 ECMWF、NCEP、Grapes_3km、甘肃"绿海"区域模式等其他数值预报产品。

4. 技术能力

一是行业企业技术能力较为成熟。提供"一场一策"功率预测模型研发支持,国能日新根据不同地形开展多元化建模研究,实现模型与电场高度匹配;金风科技针对统计算法、模型训练、模型评估等环节设计 18 类组件,再根据不同场站特点优化拼装成风功率预测模型,实现"一场一策"。注重多模型融合技术,企业基于机器学习研究多模型融合方法,保证输出功率预测结果精度优于单一预报源。具备先进的自动化系统平台保障能力,行业企业均建立了功能强大的自动化系统平台,可实现对众多气象模式及功率模型的实时检验订正,针对具体电场自动选取预测准确率最高模型,实现最优结果匹配。

二是气象部门技术能力较为滞后。开展功率预测服务的省级气象服务中心建有新能源气象业务平台,自主开发部署于场站的功率预测系统,部分省具备区域集中功率预报服务能力。

5. 服务准确率

一是行业企业准确率满足需求。金风科技平均预测精度 85% 以上;国能日新超短期风电准确率 87%、光伏 92%,短期风电 85%、光伏 90%,可满足行业需求。

二是气象部门准确率有待提升。以服务能力较强的湖北省气象服务中心为例,风功率短中期预报准确率 83%,但对转折天气、强对流天气预报效果较差,无法满足要求。

(四)认真分析存在的差距问题

模式预报核心能力不能满足服务需求。中国气象局下发的风能太阳能模式预报产品缺乏对复杂地形和转折性天气考虑,体现在预报准确率偏低,与国外主流模式相比不具有优势。

模式预报数据安全存在隐患。功率预报服务厂商目前主要从国外购买气象模式预报数据，国内自主知识产权风能太阳能专业数值预报支撑不足。若国外预报传输中断，将对我国电力运行造成较大安全隐患。

用于功率预测模型构建的数据获取使用难度大。风光电站观测数据是功率预测重要支撑，由于网络安全、数据保密等原因，测风测光数据获取困难，所收集到的少量数据也存在格式不统一、信息不全、数据质量差等问题，使用程度较低。

智能化、自动化大数据平台支撑能力不足。目前气象部门缺乏架构科学、技术先进的功率预报服务系统平台，面向服务所需的定制化模型集成、多模型自动选优、检验订正等核心功能暂未建立，服务效率及能力不足。

开展功率预报服务面临市场挑战较大。目前功率预报市场格局较为稳定，场站均已部署固定厂家功率预测系统，替换难度大。电网端已接入多家预测数据，对气象部门预报无刚性需求，气象部门进入并扩大市场占有率难度较大。

国省联动合力尚未形成。面向服务需求，国家级、省级气象部门的服务还处于各自为战、较为无序的状态，国、省两级力量暂未很好统筹，能源气象服务难以有效打开。

四、发展对策和建议

（一）提升专业化风能太阳能模式预报技术能力，形成核心根本优势

以现有区域数值预报模式为基础，提升转折性天气下轮毂高度风速和辐照度预报性能，尽快形成核心优势，为功率预测准确率提升提供根本保障。大力发展自主知识产权国产化风能太阳能预报模式，确保国外数据断供下的能源电力安全。

（二）研发智能化、自动化大数据平台，实现产品检验评估和"一场一策"

加快提升能源气象预报服务数字化、信息化能力，以产品检验评估和"一场一策"算法支撑为优先建设内容，开展国省能源气象业务系统建设。实现观测数据上传质控，各单位数值模式产品、模式数据后处理算法、场站点位订正算法和功率预报算法等产品实时检验及结果集成输出，以"赛马制"为用户提供最优质预报服务。

（三）组建攻关团队，优化团队分工配置，提升服务拓展能力

进一步优化气象部门功率预报服务团队分工配置，补充遴选软件开发、数据支持、数值预报、发电功率预测、市场拓展等核心技术骨干，组建攻关团队，依托优秀团队，提升气象部门功率预报服务拓展能力。

（四）发挥体制优势，探索有利于发展的国省一体化业务服务模式

打造国家新能源气象台，培养新能源预报员，研发多模式集成新能源智能网格预报产品，建立国家级新能源预报业务，研发国省业务系统，为全国新能源服务提供决策依据和技术支撑。省级重点开展本省能源气象落地服务，开展产品订正优化，市县级重点开展平台部署、调试、运维等服务，建立国省联动、分工合理、利益共享的一体化服务模式。

（五）推进集团化试点突破，拓展服务规模和效益

以国家电投等大型央企为试点，向能源央企展示气象部门预报服务能力，以与集团合作为突破口拓展功率预测市场，逐步扩大服务规模和效益。

（六）加强法规标准体系建设，提升行业共融能力

依托风能太阳能气候资源分技术委员会等，强化风光观测、数据质控、预报领域标准制定。健全部门间数据共享机制，提升行业数据共享共用能力，为功率预报服务提供高质量数据支撑。

探索气象高质量发展的"上海方案"

冯 磊

（上海市气象局）

为进一步落实中国气象局党组对上海气象提出的"四个做好"要求，深刻认识气象现代化与中国式现代化高度契合性和内在贯通性的关系，2023 年，上海市气象局结合主题教育工作要求，在前期工作的基础上，重点围绕气象服务融入城市数字化建设等方面赴浦东、临港、黄浦等数字化转型试点示范区域和相关行业部门开展调研，凝练形成推进智慧气象试点促进上海气象高质量发展的工作思路。

一、调研问题的提出

（一）气象高质量发展是以智慧气象为主要特征的气象现代化

智慧气象是气象高质量发展的应有之义，是构建气象发展新格局的必然要求。党的二十大报告提出"加快构建新发展格局，着力推动高质量发展"，其中包含强烈的智慧需求和宏大的智慧布局。《气象高质量发展纲要（2022—2035年）》提出到 2035 年基本建成以智慧气象为主要特征的气象现代化目标要求，着力构建符合中国国情的智慧气象体系。

一是充分体现实用与实效特征。要实现气象高质量发展，必须紧密围绕监测精密、预报精准、服务精细要求，结合气象关系生命安全、生产发展、生活富裕、生态良好的战略定位，全方位推进智慧体系建设。

二是充分体现系统性的体系化设计特征。要实现气象高质量发展，必须与新型业务技术体制改革要求相结合，既做好监测预报服务体系建设，又注重全业务链条体系建设。

三是充分体现上下左右融合性特征。要实现气象高质量发展，必须统筹气象内部各业务板块之间、各业务板块内部子系统之间以及气象与各行各业之间的智慧体系建设。

（二）上海城市数字化转型对智慧气象提出了新要求

当前，数字化正在以不可逆转的趋势席卷全球，越来越成为经济社会发展的核心驱动力。全面推进城市数字化转型，是践行"人民城市人民建，人民城市为人民"重要理念、巩固提升城市核心竞争力和软实力的关键之举。上海市政府陆续印发了《关于全面推进上海城市数字化转型的意见》《上海市全面推进城市数字化转型"十四五"规划》，坚持整体性转变，推动"经济、生活、治理"全面数字化转型。

一是城市治理数字化转型对智慧气象提出了新的要求。上海加快推动城市数字化转型，正在建设城市数字孪生平台，为城市治理提供城市全要素表达、动态三维呈现、智能决策支持和模拟仿真推演。在临港新片区推动数字孪生城市建设，打造面向国际的创新转型先导区。聚焦虹桥国际开放枢纽、长三角生态绿色一体化发展示范区、G60科创走廊、G50数字干线等重点区域，建设数字长三角实践引领区。因此，要求智慧气象向数字孪生的形态发展，通过与数字孪生城市的无缝衔接，创造智慧气象保障城市精细化治理的数字化新形态，凸显智慧气象不可或缺、不可替代的重要作用。

二是城市治理系统化发展对智慧气象的赋能方式提出了新的要求。上海正在推进城市治理向经济治理、社会治理、城市治理三大治理拓展，实现全天候、全覆盖、全过程、全周期的系统化推进，突出城市规划、建设、管理全生命周期治理。上海正在完善城市ALOT（人工智能＋物联网）基础设施建设，部署全域智能感知终端，加快实现城市"物联、数联、智联"。上海持续深化"一网统管"建设，根据城市精细化治理实际需要开发设计更多应用场景。因此，要求智慧气象必须深度参与城市治理体系全周期建设，进一步发挥先导性作用，通过防御规划、气候可行性论证，提高城市的弹性适应能力。智慧气象要从服务与被服务的弱连接向融为一体的强连接升级，构建智慧气象发展与城市治理发展的"共生体"。

三是城市治理的复杂场景对智慧气象的业务形态提出了新的要求。城市是个复杂巨系统，上海城市精细化治理要像绣花针一样细心，城市治理呈现出场景种类繁多、需求千变万化、颗粒细之又细、反应秒级瞬时的特殊需求。因此，智慧气象业务体系必须通过数字化转型，提升需求快速响应、业务智能协同、不断迭代升级的新型业务生态，实现业务有机联动。

二、调研的主要做法和内容

（一）制订调研工作计划

加强调研组织领导。对照 311 工程任务分工，采用"牵头负责＋分工协作"相结合的形式确定具体任务分工。应急与减灾处作为牵头部门，负责做好调研实施方案的编制，主要围绕加快构建智慧气象业务协调推进调研；局办公室作为调研组织协调部门，围绕强化气象科学管理能力协调推进调研，协调与其他调研组调研内容的衔接；观测与预报处主要围绕深化新型业务技术体制改革、加强气象数据交易等内容推进调研；科技发展处主要围绕上海科技创新平台建设、科技管理体制机制创新推进调研。

建立定期沟通机制。各部门在结合实际工作开展调研过程中，对每次调研过程中收集的问题进行梳理、分类、汇总，及时形成调研台账，通过邮件、例会制度等形式向牵头部门反馈。牵头部门负责汇总形成调研全过程台账，细化问题清单、措施清单和制度清单。

（二）通过多种形式开展走访座谈

通过专题调研方式，先后赴浦东新区区委、金山区区政府、青浦区区政府等，对接地方政府对本区气象高质量发展的实际需求。通过专项检查、汛期检查、随机走访、座谈访谈等方式，与业务科研单位及区气象局干部职工深入交流，聚焦上海气象高质量发展的关键环节，认真听取一线职工对上海气象高质量发展的建议意见，深入查找贯彻执行过程中的堵点、难点，详细梳理影响上海气象高质量发展的体制机制等深层次问题。

三、调研问题的解决思路

聚焦探索上海智慧气象服务城市治理工作新模式，从"城市是生命体、有机体"的全局出发，面向未来城市精细化治理加载在数字孪生城市基础上的必然趋势，实施气象数字化改革，构建完善智慧气象业务体系，建设城市气象数字孪生体，赋能城市生命体的气象数字化保障体系基本建成。建设气象数字化服务共生体，气象深度融入城市治理，达到国际先进水平。

（一）建立城市典型区域的试点示范

总体特征：面向决策指挥、行业管理、百姓生活等场景，融入经济数字化、生活数字化、治理数字化发展,通过夯实"一基座"(数智中台),推动"二变革"(业务管理、机构设置),构建"三支柱"(真实大气、预报大气、阈值矩阵),促进"四融合"(数据、算法、系统、机制),围绕"可见、可用、可推广"3个阶段性目标,逐步推进以"五智"(智慧驱动、智慧交互、智慧学习、智慧迭代、智慧进化)为特征的上海智慧气象保障城市治理试点任务。

总体目标:智慧气象服务全链条嵌入水务、交通、住建等行业,实现四有(有场景、有指标、有技术、有领先)、四可(可应用、可考核、可评估、可复制推广),完成以数字化为特征的气象业务技术体制改革,实现数字气象和数字城市的相互赋能、动态孪生。

试点示范:在黄浦江两岸浦东陆家嘴金融区及黄浦外滩区域("一江两岸"核心区)建成"次百米级、分钟级"分辨率,涵盖降水、气温、风、相对湿度等要素的监测和无缝隙预报业务,围绕城市生命线、交通、生态环境、城市建设、公共卫生、旅游等重点领域构建服务场景,实现气象服务从外挂到内嵌,赋能城市精细化治理。

(二)建立观测预报服务的有机联系

1. 观测驱动服务

按照"观测即服务"的理念,"实况场"通过在场景中仿真显示,用户可直接体验气象的万千变化;此外,通过"实况场"和"阈值矩阵"的映射,可直接判别高影响天气风险点的位置和对象,在场景中可视化气象的影响,支撑用户快速应对和处置。

观测支持预报。为了获得精准、适用的"预报场",必须通过人工智能等技术研制各种预报释用算法,或者通过加深机理认识构建预报诊断算法,或者通过同化初始场、优化物理方案等改进模式预报,而"实况场"是各种算法和模型的必要输入和驱动参数,此外"实况场"作为"真值"用于检验各种算法的可用性和先进性,评估"预报场"的精准性。

2. 预报支撑服务

气象服务是否能够发挥效益,主要取决于"预报场"的精准度和时效性。为了研判天气变化对城市运行、群众生活的"利""弊"影响,需要把"预报场"映射到"阈值矩阵"的不同维度中,根据阈值判别天气对不同场景、不同对象的影响,支持政府决策、行业管理和百姓生活。

预报指导观测。为了提高"预报场"的精准度,一是需要加密观测的时空频次、提高数据的可用性,建立更高质量的"实况场",进而不断优化预报算法;二是要把握瓶颈问题,通过在敏感位置、针对关键要素开展适应性和针对性观测试验,加深对天气过程触发机制和演变规律的认识,进而能够完善模式物理过程,优化同化方案。

3.服务导向预报和观测

"阈值矩阵"必须以需求为导向,根据场景确定对象,根据对象判别风险,根据影响研制阈值,从而形成完备的矩阵维度,并随场景运行方式的变化而变化。因此"阈值矩阵"决定了"实况场""预报场"的指标体系,其时空分辨率、要素富集度、准确程度都要满足"阈值矩阵"的维度和延展,并且根据场景的演变、对象的演化而不断更新,最终形成气象和城市的数字孪生。

(三)建立党建业务融合的"四个一"机制

建立专项团队工作机制。进一步深化"人民至上、生命至上"主题实践活动,落实"三联促三动"机制,按照"四个一"机制组建智慧气象专项工作团队,即每个团队中包括一名指挥员(首席科学家)、一名联络员(处室负责人)、一支党员先锋队、一支青年突击队。通过"四个一"机制,把党的政治优势、组织优势、密切联系群众优势转化为推动业务工作发展的优势。

加强全过程协调保障机制。建立专项团队、团队成员所在单位、市局职能部门三方共同支持团队发展的协调机制。依托业务处室例会和双周例会机制,加强专项任务推进协调和进程跟踪。制定配套的评估和激励机制。

(四)建立健全气象商品交易模式,探索气象数字经济

建立气象商品交易模式。加强与上海技术交易所、上海数据交易所等数据、技术交易平台合作,通过引领区机制创新,探索气象商品、气象数据合规交易途径。

释放并发挥气象数据的效益。以气象数据和气象科技成果为平台,引入社会类气象装备、气象服务和气象传播企业,面向各行各业、经济社会和市民美好生活提出的新需求,提供高附加值的气象服务,并逐步向长三角区域拓展延伸。

四、调研成果转化情况

(一)工作推进情况

聚焦"一江两岸"城市典型区域,推进智慧气象试点。制定智慧气象试点"1+4+1"总体方案,推动气象业务数字化改革,实现自启动、自驱动、自学习、自迭代功能,发展完善精密四维实况和精准气象预报,无缝衔接上海数字孪生城市。组

建4支工作团队、1个工作专班,选择"一江两岸"(浦东陆家嘴、黄浦江和黄浦外滩)城市典型区域构建服务场景,以年底可见为目标,实现气象服务从外挂到内嵌。

赋能城市治理数字化转型,城市气象阈值矩阵边研发边应用。建筑工地、大型游乐场所场景阈值已纳入上海市城市运行管理中心智慧气象先知系统;城市内涝阈值根据徐汇区积涝点数据,形成三级积水深度分级的阈值;中暑风险预报已发布于市民政局"上海市养老服务平台";农业设施大棚风灾风险阈值、水稻高温热害阈值已应用于农业部门风险预警提示;高速公路低能见度阈值应用于全国恶劣天气高影响路段的能见度风险产品试用检验。基于气象灾害阈值的气象灾害综合风险预估产品实现业务化运行。

创新基于位置的公共气象服务模式,随申气象台、上海电信公益电话亭气象信息上线升级。随申气象台基本功能已在"市民随申办"上线,旅游、健康和预警发布功能持续升级。以上海电信公益电话亭为载体,打通并接入气象数据,市民可在全市200多个"老友亭"上实时看到周边温度和天气情况。

聚焦城市强对流、台风和突发事件,智慧气象业务有机体框架初步形成。完善灾害性天气预报预警服务体系,在台风、强对流观测预报服务业务规程基础上,印发《气象服务"一过程一策"业务规程(试行)》,形成业务有机体建设框架指引。基于大数据技术,实现上海市、区两级短临预报预警服务一体化平台数据流监控自主可控。

(二)下一步打算

统筹推进高质量发展与智慧气象试点工作。将智慧气象保障城市治理试点的主要任务纳入高质量发展试点,合力加快推进以智慧气象为主要特征的高质量发展试点。持续研发气象灾害风险阈值,建立完善重点行业领域基于气象阈值的风险预警联动机制。

梳理凝练可复制推广的"上海样本"。坚持问题导向,梳理凝练问题清单。围绕调研主题持续推动调研工作的组织实施,深入气象防灾减灾一线,掌握实情、把脉问诊,问计于群众、问计于实践,发现和查找工作中的差距不足。对调研过程中反映和发现的问题进行全面梳理,结合典型案例,分析问题、剖析原因,形成问题清单。坚持注重实效,建立常态长效机制。对照问题清单,总结调研中的做法经验,充分研究讨论形成成果清单。对经过充分研究、比较成熟的调研成果,要及时上升为决策部署,落实为具体的制度措施;对于尚未研究透彻的调研成果,要更深入听取意见,完善后再付诸实施,做到真正把调查研究成果转化为推进工作的实际成效。

广东省气象局关于优化气象科技创新
机制的调研报告

谭浩波　李春梅　炎利军　林国平

（广东省气象局）

科技创新是破解发展难题、应对前进路上的风险挑战、厚植发展优势、支撑高质量发展的关键。国务院印发的《气象高质量发展纲要（2022—2035 年）》将加快气象科技创新摆在气象高质量发展全局中的核心位置。为深入学习贯彻习近平新时代中国特色社会主义思想，全面贯彻落实党的二十大精神和习近平总书记关于气象工作重要指示精神以及对广东系列重要讲话、重要指示精神，全面落实党中央、国务院决策部署，面对气象高质量发展的新要求，进一步优化科技创新机制，深化科研立项评审、科技成果评价、科研机构平台与人才团队评估（简称"三评"）改革，促进气象科技创新的力量集聚和融合发展，广东省气象局党组决定，以"优化气象科技创新机制研究"为专题开展调查研究，推动主题教育走深走实。

一、调查研究的主要内容和组织情况

为深入了解基层一线的实际需求，发现广东省气象科研与业务中存在的一些阻碍科技创新的问题，推动建立健全科技"三评"业务导向机制和"三动"（主动、互动、联动）科研业务深度合作机制，由广东省气象局党组书记、局长庄旭东同志和党组成员、副局长谭浩波同志牵头，科技与预报处、人事处和监测网络处等机关处室参加组成调研组。调研组坚持问题导向和目标导向，制定调研工作方案，2023 年 4 月起在广东省气象局直属单位、创新团队、各地市气象局、广东省科技厅、高校等组织开展调研，通过走访调研、问卷调查、座谈交流等方式对核心技术攻关、创新团队发展、创新平台建设、科研项目提质拓面、深化局校合作等方面进行了深入的调查研究，并向市县气象部门发放 130 余份调查问卷。调研以解决问题为根本目的，真正把制约科技创新的问题找准、对策提实，把调查研究成果转化为增强气象科技自主创新能力的实际成效。

二、系统内部调研科技创新的发展现状

党的十八大以来,广东省气象局党组深入贯彻中国气象局科技体制机制改革决策部署,实施了一系列气象科技改革举措,体制机制不断完善,科研生态持续优化,创新能力显著增强。2022年在全国气象高质量发展评估中,广东省气象科技创新能力指数评分在全国各省(区、市)中位列第二,仅次于北京市。

(一)广东省气象局科技创新基本现状

广东省气象局直属单位目前专业技术人员共有442人。近5年来,每年争取的科研总经费平均超过了3000万元;其中,2020年为3731万元、2021年为3735万元、2022年为3242万元。2012—2022年,全省气象系统仅国家自然科学基金项目就有56项,获资助经费2457.3万元;科研项目共产出3652篇科技论文,在核心期刊发表686篇,SCI(SCIE)收录共335篇,出版著作10本,国家专利69项。

目前,广东省气象局在运行的有1支中国气象局热带气象重点创新团队、1支省政府"珠江人才"团队、3支中国气象局"揭榜挂帅"试点团队和11支省气象局科技创新团队,近200名业务科研人员参与团队建设。

科技创新团队在核心技术攻关和人才培养上成效显著。团队在区域数值模式研发、人工智能与短临模式降水释用、相控阵雷达应用、气象指数保险、台风和海洋气象灾害预报预警、温室气体及碳中和监测评估等方面做出了卓有成效的工作。团队引进培养了一批优秀科技人才,先后有35人次获得职称晋升。目前,广东省气象局有国家级气象领军人才3人、首席5人、青年英才6人;引进海外高端专家5人、博士12人;正高级71人,位居省级气象部门前列。

(二)广东省气象部门科技创新平台现状

以广州热带海洋气象研究所(简称"热带所")为龙头,2个省部级重点实验室(区域数值天气预报重点实验室、龙卷风重点开放实验室)、4个野外科学试验基地(博贺、龙门、从化、番禺)为支柱,多个湾区特色研发机构为有益补充,构建高效联动的"1+N"气象科技创新平台集群。在重大科研立项、重点技术攻关、重要需求保障等方面发挥了重要的作用。

作为国家级科研院所的有益补充,粤港澳大湾区建成3个新型事业单位(粤

港澳大湾区气象监测预警预报中心、珠澳气象创新与应用研究中心、中山气象研究与应用创新中心),2个公益事业单位(佛山龙卷风研究中心、江门季风强降水预报技术创新中心),1个民办非企业单位(广州粤港澳大湾区气象智能装备研究中心),构建起高效联动的气象科技创新平台集群。另外,东莞市城市态环境气象研究创新中心、惠州市气象安全科技创新中心、西江流域(肇庆)暴雨洪涝研究中心正在加紧筹建中,届时地方特色研发机构将实现珠三角地市全覆盖。

(三)市级气象局气象科技创新团队的现状

目前,广东省有19个市级气象局成立了共计58个市级创新团队,形成了与11个省级团队密切关联的"金字塔型"结构。市级团队直接带动了基层超过400名一线科技人员的成长;其中,有62名市级气象局人员参加了省级团队工作。

在争取地方科技资源方面,超过63%的市级创新团队争取到地方科技项目。其中,江门市气象局近5年以来在广东省气象局以外立项的科技项目达11个,争取地方科研经费100余万元;佛山市气象局率先在地级市气象局中争取到省重点科技项目、国家基金和省基金项目,并争取到院士专家工作站项目等,累计获近300万元科研经费;此外,阳江市气象局围绕海上风电产业气象服务需求,获广东省科技厅100万元项目支持。服务地方经济社会发展方面,创新团队主要侧重在相控阵雷达应用、灾害性天气(龙卷等)精准化预报预警技术、大城市智慧观测与数据应用等方面;还有结合本地特色、重点行业的气象科技研究方向,如潮州茶叶、茂名荔枝气象服务研究,梅州柚和嘉应茶生态气象服务等。人才队伍培养方面,争取到了多个省市级"劳模和工匠人才创新工作室"荣誉称号;部分成员成为地方党代表、人大代表、政协委员等,为气象服务地方经济社会发展建言资政。

(四)基层气象业务人员科技创新现状

调研表明,有超过四分之一的市县气象局人员主持或参与了广东省气象局课题项目,并且在实际业务应用工作中发挥了作用,应用比例达93%;另外,有部分人主持或参与了市级气象局课题,同样应用比例达93%以上。可见,广东省气象局和市级气象局课题对业务发展起到了较好的促进作用。调研还表明,广东省气象局创新团队对市县气象局的辐射效应还有不足,省级团队与市县气象局业务部门之间"主动、互动、联动"的科研业务深度合作交流机制还不够健全,尚有43%的市级气象局没有人员参与其中,68%的被调查对象不了解广东省气象局创新团队的进展与成果。

三、系统外部调研气象科技创新的主要情况

广东省气象局先后两次调研广东省自然科学基金管理委员会（简称"省基金委"）、两次调研中山大学，分别就加强气象基础研究、深化局校合作达成了合作意向。

（一）调研省基金委的主要议题

广东省气象局与省科技厅和省基金委商定，设立"气象联合基金"。该基金由省基金委统一管理，旨在围绕气象高质量发展核心领域科学问题和技术难题，吸引和汇聚省内相关研究领域的优秀人才，聚焦区域数值预报模式、灾害性天气、气候变化、气象信息化新技术、环境气象条件保障等相关领域开展基础性、前沿性和创新性研究。经费投入上，按照1∶3的比例，每年由省科技厅安排经费200万元，省气象局安排自筹经费600万元，合计每年安排经费800万元。气象联合基金以3年为一个周期。

（二）调研中山大学的主要议题

通过走访调研，广东省气象局与中山大学共商新一轮局校合作。计划依靠"中山大学"号科考船，共建南海海洋气象科考中心，开展南海季风的准业务化巡航观测业务，助力新时代中国海洋气象观测预报业务取得突破性进展；共商双方联合开展南海季风试验、南海—西太平洋台风试验等，围绕预报技术难点和关键过程开展大气—海洋立体观测，服务防灾减灾重大业务需求。共建粤港澳大湾区气象人才中心和创新高地，为新时代中国海洋气象事业发展建立联合创新的人才培养新范式和新机制；共建热带大气海洋系统科学领域高水平重点实验室，共同开展海外高层次人才招聘。

四、查找分析出的问题

经过深入调研与分析，梳理出广东省气象科技创新建设中存在的问题，主要集中在5个方面。

（一）创新平台分散与科技攻关集约化程度低并存

面向预报业务难题的科研活动集约化程度不高，尤其是在气象科技支撑大湾区经济社会发展上的统筹不足，导致目标定位不明确，高水平科研成果偏少，

科研业务不够紧密。科技创新平台总体表现为"小、散、弱",没有围绕优势研究领域形成强大的科研合力;平台之间、各单位之间缺乏有效协作机制,存在科研活动重复低效现象。

(二)科研项目和创新团队流程管理不足

项目申报指南征求意见不够充分,立项评审后仅"单向"通知评审结果,未对申报人反馈专家评审意见。在广东省气象局科研项目管理流程上,从项目申报到评审还没有实现无纸化,增加了申报人的工作量。科技创新团队的省市联动不够,科研业务深度合作交流机制尚不够健全。

(三)气象科技"三评"机制尚不够健全

在立项和评审过程中"业务需求"考量不够,在科技成果评价时"业务转化应用"考虑不够;评价结果还未得到很好运用,需多部门协同推进。"三评"工作的全省气象部门"科技评价专家库"尚未建立。

(四)科研业务间的"三动"机制不够完善

省级科技创新团队与市县业务单位"三动"的科研业务深度合作交流机制尚不够健全,横向和纵向单位围绕各自业务开展工作,上下游业务的联动性和协同性还不足。市县气象局业务人员参加广东省气象局科技创新团队的人数还不算多;市县气象局人员对广东省气象最新科技成果和科研方法了解不多,成果推广有待加强。

(五)科技创新发展的软环境需进一步完善

基层获取省部级以上项目的渠道有限;内部气象数据使用申请过程中,审批环节较多,流程不够简化。弘扬科学家精神的氛围尚未形成。局校合作还需进一步深化。

五、调研收获和初步成果

奋进新征程、建功新时代,为实现气象高质量发展目标,结合发现的主要问题,我们针对性地提出五方面的对策和措施。

(一)加快推进粤港澳大湾区气象研究院建设

以热带所为核心,整合大湾区科技力量,构建"1＋N"组织架构的热带气象科技创新总平台。2023年6月6日,戴永久院士主持粤港澳大湾区气象研究院组建方案专家论证会;7月6日,中国气象局科技与气候变化司主持召开粤港澳大湾区气象研究院组建方案研讨会;11月7日,中国气象局批复成立粤港澳大湾区气象研究院,明确研究院为国家层级科技创新平台;12月22日,召开研究院成立大会。广东省气象局与省科技厅、省基金委共同启动实施广东省"气象联合基金",3年计划共投入2400万元,面向粤港澳大湾区开放,围绕气象高质量发展核心领域科学问题和技术难题开展基础性、前沿性和创新性研究,通过实施一批重大项目,促进高水平科研成果产出,推进粤港澳大湾区气象人才高地建设。

(二)统筹区域资源做大做强科技创新体量

发挥平台集聚资源、吸引人才的作用,前瞻性谋划气象科技平台布局。省部共建区域数值天气预报重点实验室,局校合作共建中国气象局龙卷风重点开放实验室。多方合作创建2支中国气象局科技创新团队。年内新增2个市级重点实验室、4个科技创新中心,珠三角9市实现地方特色新型研发机构全覆盖。世界气象中心(北京)粤港澳大湾区分中心正式启用。新增筹集75万元/年设立流域/区域气象科研开放基金项目,辐射带动珠江流域和泛珠三角区域的科技协同创新发展。引进5名国际气象专家,正高职称及入选省部级人才计划的人才数量居各省首位。

(三)健全气象科技"三评"机制

完善科研项目立项评审机制,把科研项目评审过程由"单向"的通知转变为"双向"的互动,强化评审意见反馈;完善"广东省气象局科技成果管理系统",实现从项目申报到评审的全过程电子化。推进省级创新团队与市县气象部门建立科研业务深度合作交流机制。科研项目组织突出"业务需求"和"业务应用";用好科技成果评价结果,作为人才职称评审的指标之一。建立健全"三评"工作全省气象部门"科技评价专家库"。

(四)进一步完善科研业务"三动"工作机制

促进省市县的业务技术互动,定期举办上下游业务论坛,形成新业务技术主动分享机制。修订《科技创新团队管理办法》,进一步健全省级气象科技创新团队与市县业务单位"主动、互动、联动"的科研业务深度合作交流机制,辐射带动基层业务单位创新能力的提升。加强科技互动交流,广东省气象局创新团队阶段性成果、获评优秀的科技项目每年集中组织交流宣讲,推进科技成果及时落地。

（五）进一步优化科技创新发展的软环境

进一步健全气象系统内部的数据使用管理制度,形成数据容易获取,但管理严密的格局。引导广大气象人才树立正确科研价值取向,发文组织开展弘扬新时代科学家精神主题实践活动。深化拓展局校合作机制,在人才培养、科研合作、学术交流、成果转化等方面形成互利共赢、常态互动的合作机制。

"气象＋"赋能大城市生产发展调研报告

董尚力　曾山佰　唐　毅　林慧娟　陈纾杨　郭晴晴

（江苏省苏州市气象局）

为深入学习贯彻习近平总书记关于气象工作和江苏工作的重要指示精神，认真落实《气象高质量发展纲要（2022—2035年）》和上级决策部署要求，2023年以来，苏州市气象局结合主题教育和地方实际，积极开展"气象＋"服务赋能生产发展学习调研及实践探索，分析薄弱环节，结合实际提出针对性的举措建议，以期有效提升"气象＋"赋能大城市生产发展的能力和效益，助力气象社会服务现代化。

一、调研方式

赴省外实地调研学习。调研组先后赴浙江宁波、舟山等气象部门调研"气象＋港航"等专项服务，赴广东珠海气象部门调研气象科技服务等。

气象服务需求调研。调研组赴江苏太仓港口管理委员会、苏州供电、昆山供电、苏州轨道交通、苏州水务集团、苏州广电总台等相关单位和企业调研气象服务需求，并多次与供电部门开展"电力融合气象、携手发展共赢"支部结对共建，深入了解服务需求。

省内调研和分析。多次赴兄弟市气象局的气象服务中心、防雷公司及其下辖市（区）气象局开展专业气象服务调研，交流情况。

二、调研分析

（一）宁波、舟山等地"气象＋"专业专项服务经验做法

需求导向，"气象＋港航"服务成效显著。宁波气象部门融入地方建设世界一流强港的新要求，主动对接服务需求、研发服务产品，服务港口生产调度、海事安全管制、远洋运输航线和临港码头企业，成效显著。舟山气象部门围绕"港、

景、渔"三大资源开展气象服务保障,构建以信息化为基础的无缝隙、精细化、智慧型的现代港航气象监测预报预警服务平台,为港口企业、船舶通航和锚泊、大轮引航、海上作业、海事监管和大型港航码头企业提供"一对一"专业气象服务,成效明显。

标准先行,气象标准助力"气象+"服务。宁波气象部门近 10 年来牵头制定行业标准 2 项,联合相关部门制定宁波地方标准 9 项,助力"气象+"服务规范化发展。舟山气象部门制定浙江省首个气象类休闲渔业地方标准《休闲渔业气象风险等级》,助力岱山"休闲渔业"营运时间延长 60 天以上,在保障安全的前提下促进渔民增收。

(二)广东珠海"气象+"专业专项服务经验做法

珠海市公共气象服务中心(简称"公服中心")是珠海气象部门承担"气象+"专业专项服务的主体,经过近 10 年的发展,获得政府和行业购买服务的稳定持续支撑,上缴利税逐年上升,"气象+"服务实物工作量显著提升。

1. 改体制,整合构建大服务平台,实现资源集约配置

公服中心 2012 年由珠海市气象服务中心、珠海市防雷设施检测所和珠海市金湾防雷所整合而成,陆续加挂珠海市防雷所和珠海市突发事件预警信息发布中心两个牌子,定性为公益二类事业单位,主要承担预警信息发布、防灾知识和技能培训、防雷安全隐患排查、气候可行性论证、专业专项气象服务等,大服务平台有利于资源整合形成服务合力。实行"定岗不定编",现有公共气象服务人员 120 余人,内设办公室、公共气象部和 5 个区级服务站等,其中,5 个区级服务站作为属地安委会成员单位,在履行气象服务职责的同时,有效获得政府购买服务和企业专业专项服务效益。

2. 改机制,制定适应市场化运行的激励约束机制

公服中心建立绩效考核工作机制、工作量合理决定机制和激励约束机制,每年向公共气象部和 5 个区级服务站征集并下达考核目标,通过实际业绩 PK 确定部门绩效数,每月对全体员工施行量化考核,将员工绩效收入与岗位职责和工作业绩挂钩,充分发挥考核指挥棒作用。公服中心所有员工均有开拓业务的职责,鼓励员工自由组成开发团队进行新项目开发,通过新项目奖励和绩效分配激发员工活力。公服中心还抽调相关人员组成监察小组,定期督促业务部门完成业绩。

3．改思路，深入用户找准需求，提供物有所值的服务

公服中心的主要服务对象包括政府部门和企业，经过近10年的市场培育，"花钱购买气象服务"理念逐渐深入政府和企业，为100多家用户提供"气象＋"专业服务。其中，5个区级服务站作为公服中心实体化运作的派出机构，兼有区县气象局、服务窗口、分公司等角色，一般也是属地安委会成员单位，将气象服务融入化工园区安全、农渔业养殖、防灾减灾、生态文明建设和交通管理等工作，为属地政府提供气象决策服务和安全保障服务，通过政府购买服务的方式实现可持续发展。另外，在拓展"气象＋"服务中，树牢"需求牵引、客户体验、物有所值"的服务理念，建立"客户经理"服务制度，实现点对点专属精细化服务，提供"定制化"服务产品为用户减损和增效，深入企业开展气象防灾知识与技能培训培育服务市场，灾害发生后及时"举一反三"引导服务需求等。

（三）本地"气象＋"专业专项服务现状分析

经过省内调研了解，江苏气象部门目前"气象＋"服务方面的现状基本类似。以苏州为例，一是聚焦防汛防灾和生态文明建设，苏州主要由市气象台和各市（区）气象局向政府部门提供决策气象服务，开展"气象＋水务、应急、资源规划、农业、粮食储备、生态环境、教育、公安、民政、住房和城乡建设、园林绿化、城管、交通海事、商务、文化广电和旅游、卫生健康、体育、消防"等气象服务，纳入地方财政保障体制。二是聚焦企业生产发展，苏州主要由市气象服务中心（非法人单位）和防雷公司等提供专业专项气象服务，其中防雷科技服务约占73.4%、传统专业专项气象服务约占14.6%、政府购买服务约占12%。

江苏的防雷科技服务一般由各地防雷企业（国有或民营）提供，苏州为国有企业，为约2000家企业提供防雷隐患排查和检测服务。从服务效益分析，工业厂房用户占比约60%，危化企业用户约19%（占气象部门监管总数的12%），加油加气站用户约5%（占气象部门监管总数的42%），住宅办公楼用户约7%，其他用户约9%。苏州市气象局党组在调研的基础上研究决定，在防雷公司初步建立总经理负责制的现代企业管理制度，制定出台公司管理办法和经营业绩目标考核细则，完善公司内部架构和规章制度，强化内部规范管理和业务拓展，以实物工作量考核激励、奖勤罚懒，2023年1—11月服务效益较上年增长约8%，成本支出减少约11%，员工积极性和综合效益有效提升。

江苏传统专业专项气象服务一般由各地气象服务中心提供，苏州服务20余家重点用户，开展"气象＋电力、轨道交通、供水、化工、保险、建设、传媒"等行业

气象服务,赋能企业生产发展。其中,针对电力能源和轨道交通两个重点行业领域,优化"一企一策"大客户服务机制和定制式信息化服务产品,为供电部门研发电力调度负荷预测、高影响天气线网安全、雷电定位决策等服务平台和产品,通过支部结对创先,"三联促三动",积极拓展新能源电力气象服务;苏州还为轨道交通部门研发包括8条轨道交通沿线高影响天气监测预报预警、高架区段限速和停运风险预警提示等服务平台和产品,成效明显。苏州在调研学习的基础上,市县正在联合积极推进"气象十港航"专业专项服务。

(四)本地"气象十"专业专项服务需求分析

气象十港航:沿江港口管理部门、海事部门、码头企业、危化企业、钢铁企业等,对台风、大风、大雾、低能见度、雷电、强对流、降雨、低温冰冻等较为敏感,对航线运输和码头货物装卸等有短临精细化服务需求。

气象十电力:对持续高温、低温、电线积冰、台风、大风、雷电、强对流、西部降雨量(白鹤滩水电站上游)等较为敏感,重点关注供电线网安全、电力负荷预测、迎峰度夏和迎峰度冬、雷电监测预警、光功率预测等。

气象十交通:对雨雪冰冻、暴雨、台风、大风、大雾、低能见度等较为敏感。

气象十供水:对持续低温冰冻、高温热浪、水源地蓝藻暴发、用水量预测等有需求。

气象十化工园(危化企业):除需要防雷安全隐患排查服务外,对台风、暴雨、雷电、强对流、低温冰冻等较为敏感。

气象十大型企业:对突发灾害性天气、与气象因素有关的生产环节精细化气象服务等有需求。

三、存在问题

"气象十"服务是气象社会服务现代化的重要内容。目前江苏在聚焦企业生产发展的"气象十"服务方面,无论是对专业专项气象服务的重视程度、服务用户数、服务产品的需求契合度,还是服务成效等,都有明显差距。主要表现在:

一是思想上、行动上对大力发展专业专项气象服务的重视程度还不够,财政保障体制下开拓"气象十"服务的决心、动力和进取心不足。

二是当前绩效考核机制与"气象十"服务市场化的匹配度还不高,尚未充分发挥实物工作量指挥棒的导向作用。

三是"气象十"服务产品与用户的需求还有一定差距,服务需求的引导和挖掘不够,服务产品的专业感和专属感不强。

四、对策建议

气象社会服务现代化是以有为政府和有效市场来充分满足经济社会发展各方面气象服务需求的现代化。推动社会服务现代化,重在"机制"的改革与创新,要求我们以服务国家、服务人民为宗旨,为经济社会发展、人民美好生活提供多元高效的气象服务。作为推进气象社会服务现代化的重要抓手,对苏州这样的大城市而言,如何在现有技术条件下,有效推进"气象+"服务赋能生产发展呢?通过调研分析,建议进一步解放思想、转变观念、拥抱市场,围绕实物工作量目标考核,改革内部绩效管理机制、契合用户需求创新气象服务产品,为经济社会高质量发展和人民美好生活提供可持续发展的气象服务。具体包括三点建议举措:

一是机制层面。建立以部门科技服务实物工作量为主要指标的目标考核机制,强化目标考核结果应用,倒逼服务供给部门解放思想、融入用户、开拓创新、有效服务。服务供给部门绩效总额在政策允许的范围内根据目标考核结果上下浮动。待探索出经验后,结合实际进行部门调整和资源整合,做优做强气象社会服务。

二是管理层面。引导服务供给部门建立完善内部量化绩效考核和激励约束机制,加强绩效考核管理,奖优罚庸,发挥绩效分配的激励导向作用,充分调动员工的积极性和创造力,激发人才驱动的内生动力,提升服务效能。

三是服务层面。激励和倒逼服务供给部门融入企业用户,通过科普宣讲、隐患排查、需求调研等深入用户生产环节挖掘和引导需求,结合需求"小切口"组建服务团队创新服务产品、优化服务供给,通过服务产品研发和标准制定等,促进气象科技能力现代化"硬实力"的提升。完善"客户经理"服务制度,服务观念要积极主动、服务产品要重需求讲效益,守正创新,突出用户服务的专属感和专业感,最大限度地满足用户需求,充分发挥"气象+"服务保障经济社会发展和为各行各业用户防灾减损、提质增效的作用。

同时,在深入推进"气象+"服务赋能生产发展时,建议正确处理好以下关系:

一是财政保障体制下公益服务与专业专项有偿服务的关系。在足额财政保障以及未来仍将维持足额保障的情况下,稳妥推进而不是全面开花,除公益性气象无偿服务以外,为重点企业用户提供以减灾和增效为目的的专业专项服务;在无法足额财政保障的情况下,可以依法采取政府购买服务和企业专业专项服务反哺公共气象服务。

二是专业专项气象服务与公众气象服务、决策气象服务的关系。始终坚持以人民为中心和公共气象发展方向,面向党委政府和广大百姓的决策气象服务、公众气象服务等无偿提供,面向其他主体的除公益性气象无偿服务以外,其他属专业专项气象服务的,依法可以有偿提供以反哺公共气象服务。

三是企业购买服务与政府购买服务的关系。两者都是弥补气象事业发展经费不足的有效途径。其中,面向企业个体需求的可由企业购买服务;面向政府部门和特殊群体需求的可由政府部门购买服务。

四是依法履职与有偿服务的关系。《中华人民共和国气象法》第三条第四款指出"气象台站在确保公益性气象无偿服务的前提下,可以依法开展气象有偿服务"。因此,开展"气象＋"专业专项有偿服务不仅是依法弥补气象事业发展经费不足的有效途径,同时也是气象部门依法履职、拓展服务、保障中国式现代化的重要抓手,客观上能够更加有力地保障生命安全、生产发展、生活富裕和生态良好。

五是服务效益部门间分配和团队间分配的关系。始终坚持统筹协调、团结协作、友好协商、激励共赢的原则,协作部门之间、团队成员之间友好协商,遵循实物工作量考核原则,进一步调动多元主体积极性,凝聚强大发展合力,提升服务质效,实现"气象＋"服务健康可持续发展。

总之,通过调研,我们将进一步深入学习贯彻习近平新时代中国特色社会主义思想,以学铸魂、以学增智、以学正风、以学促干,发扬"四敢"精神,树立造福人民的政绩观,用好"9119"工作法,把深入开展主题教育作为深入落实《气象高质量发展纲要(2022—2035年)》的具体实践,为推进江苏气象高质量发展和气象社会服务现代化走在前、做示范作出应有的贡献。

有序推进气象数据流通交易调研报告

梁　丰[1]　张洪政[1]　李　俊[1]　翟晴飞[1,2]　王　瑾[1]　王　琦[3]　鲍雅芳[4]

（1. 中国气象局预报与网络司；2. 辽宁省气象局；3. 国家气象信息中心；
4. 中国气象局公共气象服务中心）

气象数据作为一类典型的公共数据，是中国数据资源的重要组成部分，关乎国民经济发展、生产生活各个方面，蕴藏巨大的经济价值和社会价值。为贯彻落实国家发展数字经济、推进公共数据流通和交易的有关要求，以及中国气象局加快推进"两个气象现代化"的部署，中国气象局预报与网络司联合政策法规司、气象发展与规划院，通过查阅文献资料，走访深圳、贵阳、上海、广州等地数据交易所，对当前数据流通交易领域的管理机制、政策体系、交易模式、流通路径等进行了深入调研和分析，为有序推进气象数据流通交易提出对策建议。

一、国外数据流通交易的主要模式及构成要素

国外数据流通交易始于 21 世纪初。美国于 2009 年先行完成了数据流通交易政策体系和市场体系的基本搭建，数据可作为有价物依据市场规则进行交易，交易额在 2012 年迅速攀升至 4.29 亿美元。随着世界由工业经济时代向数字经济时代迈进，数据特别是公共数据已成为各国争夺的重要战略资源，美国明确提出要推进联邦政府数据资产化管理，欧盟则提出要通过构建欧洲数据空间以打造欧洲一体化数据市场；同时，欧美日等国也在打造国际数据流通交易圈，试图把控和主导全球数字经济发展。

截至目前，全球已有 22 个国家建立或者基本建立了数据流通交易体系，数据作为商品在社会经济各环节流动已逐渐成为常态。但由于文化背景、法律体系、经济形态及发展程度的差异，各国数据流通交易模式不尽相同，从政府、行业、企业 3 个数据流通交易主要参与者的角度看，当前国际数据流通交易体系大致可以分类归纳为 5 种：以美国为代表的"企业主导、政府监管"模式、以英国为代表的"政府引导、企业跟进"模式、以日本为代表的"行业主导、企业参与"模

式、以新加坡为代表的"政府主导、企业补充"模式和以德国为代表的"基建先行、安全优先"模式。各国根据自身特点,在各自选择的模式中推动和实现数据的流通和价值释放。

尽管在不同模式中,上述三方的参与程度、影响力和重要性不尽相同,管理方式、实现路径、流通规则等各有特色,但总的来看,国外数据流通交易基本包括利益相关的数据流通交易管理体系、上下一体的数据流通交易制度体系、安全高效的数据流通交易技术平台和共建共赢的数据流通交易服务生态4个结构件。

二、国内数据流通交易的现状及主要特征

我国数据交易起步于2014年,贵阳大数据交易所是国内成立的第一家数据交易所,也是迄今唯一一家获得数据交易牌照的交易所。截至目前,上海、深圳、贵阳等行业头部数据交易机构交易金额累计已超20亿元。但是,目前还没有在某个行业或者地区真正形成符合"数据二十条"要求的数据流通交易市场机制,只能根据行业特点、管理方式、着眼重点的不同,将当前数据流通交易大致分为3种模式:以民航、卫生为代表的"行业部门主导,安全部门监管"模式,以贵州、四川为代表的"地方政府主导,一体化授权运营"模式,以山东、北京为代表的"地方政府主导,行业部门授权"模式。虽然能够将当前我国数据流通交易的现状粗略归纳为上述3种模式,但总的来讲仍处在起步阶段,数据供给、加工、授权、运营、交易、监管等各环节中的制度、规则、机制还不完善,数据要素市场尚未真正建立。

(一)数据流通交易管理体系方面

随着国家数据局的成立,我国从顶层解决了公共数据管理"九龙治水"的现象。同时,18个省(区、市)组建了本区域公共数据的归口管理部门,贵州、上海、深圳等地方政府在公共数据的授权运营方面探索较多。通信、电力、金融、旅游等行业部门在推进各自领域公共数据要素化流通和交易方面较为积极,成立了专职机构,组建了专门队伍,统筹数据供给、授权运营、流通交易、应用追溯和安全监管等工作,其产生的数据交易金额占总金额的近70%。其他行业在此方面没有太多动作。市场层面反映最为积极,全国已成立不同级别、股权性质的数据交易所/中心/平台共46家,其中以贵阳大数据交易所、上海数据交易中心、深圳数据交易所3家在此方面探索较多。

（二）数据流通交易制度体系方面

国家层面的顶层规划与宏观政策较为完善，2019年以来围绕着网络强国、数据要素、数字中国、数据安全等制定了一系列政策法律法规，特别是国家"十四五"规划以及"数据二十条"中明确了"公共数据授权运营、再挖掘再利用"等，为各地方各行业构建了导向清晰的制度环境。部分地方政府在此基础上围绕着公共数据确权授权、流通交易、合规监管、收益分配、安全治理等出台了地方性政策法规，互联网、工业互联网、金融、通信、能源等领域制定了支撑本领域数据开发利用、授权运营、流通交易、监管评估等制度规则。但围绕国家机关管理的政务数据，以及具有公共职能的事业单位管理的公共数据的流通和交易，尚缺乏必要的政策法规、制度标准规则。

（三）数据流通交易技术平台方面

目前全国共建有220个数据开放流通平台，其中包括了27个国家级平台、3个省级平台和170个市级平台，但上述所有平台均不能完整有效地支撑本行业或者本区域公共数据的确认登记、授权运营、交易流通、追溯监管等需求。由于缺少国家统一谋划建设，或者行业部门统筹组织建设的数据流通交易平台，制约了公共数据的市场化发展进程。部分地方政府依托本地组建的国有企业性质数据交易机构，搭建了本地区公共数据授权运营平台，在一定程度上能够为数据流通交易提供机构和技术支撑，如深圳、上海、贵阳三地的数据交易平台，均能够提供数据登记、挂牌、交易、合规审查等功能和服务，能够为数据流通交易提供安全可信和高效的环境，但无法实现跨区域的互联互通互认。

（四）数据流通交易服务生态方面

国内数据流通交易服务生态主要涵盖以下主体：以行业部门、企业为主要代表的数据提供方，以科研院所、高校为主要代表的算法提供方，以企业为主要代表的算力资源、存储资源提供方，以金融机构、律所为主要代表的合规审查方，以及由社会其他组织机构共同构成的安全技术、交易经纪、分析评估、资产托管、安全交付、承销发布、质量保障等其他各类服务提供方。调研分析发现，这些主体大都是将其在其他领域积累的服务经验移植在数据要素服务中，基本水土不服。因此，相较于国外市场，国内数据流通交易服务生态圈内的角色、机制、规则等均不完整不规范，其中的各主体还需相当一段时间的培育成长，这也是导致当前场外交易远多于场内的原因之一。

三、气象数据流通交易的现状及主要问题

依据《中华人民共和国气象法》,气象部门于 2001 年发布了《气象资料共享管理办法》并开展了气象数据开放共享,于 2015 年发布了《气象信息服务管理办法》并开展气象信息服务。2020 年以来,面对国家有关数据要素及其安全发展新要求、中国气象事业高质量发展新需求,以及气象数据治理中出现的新问题,中国气象局加快了基础制度建设、管理机制优化、关键平台搭建等工作,贵州、上海、深圳等部分地方气象部门在气象数据流通交易方面也做了一些有益探索。

（一）气象数据流通交易管理体系方面

国家级层面的气象数据服务、气象信息服务、气象数据产业建设发展分别归口各职能司管理,直属单位负责气象数据开放共享工作的具体实施。2023 年成立了数据服务协同委员会,开始探索联盟式管理和服务。地方层面的气象数据共享服务、气象信息服务、气象数据和信息服务产业建设发展分别由相关处室归口管理,由省级气象局指定的气象业务单位承担本区域气象数据开放共享、数据服务或者信息服务工作,但出口往往并不统一。

（二）气象数据流通交易制度体系构建方面

2020 年以来,中国气象局加快内部制度体系建设,在数据汇聚、分类分级、数据产品准入和退出、共享服务、安全审查等方面制定实施了一系列规章制度,在气象数据流通溯源监管、数据产品加工处理以及质量管理等方面发布了或正在推进制定一批标准规范。

（三）气象数据流通交易技术平台方面

2001 年以来,中国气象局依托行业部门间数据专线开展气象数据共享。2015 年以来,依托中国气象数据网、风云卫星遥感数据网等开展面向社会公众的数据开放。2020 年以来,依托国省协同一体的气象数据服务监管平台,国家级和各省气象部门分别开展了气象数据流通溯源和监管业务体系建设。但截至目前,无论在中国气象局层面,还是在省级及以下气象部门,均未搭建起气象数据流通交易平台。

（四）气象数据流通交易服务生态构建方面

长期以来,各级气象部门大都关注部门内部管理,各级气象业务单位是气象

数据共享流通的绝对主导方,也是气象信息服务的主要参与力量,与高校、院所、企业等不同性质市场主体的合作共建不多,把握运用市场规则经验较少。目前全国有近10家气象部门探索或有意愿开展气象数据流通交易,但实际发生气象数据交易的只有贵州省气象局一家。

面对数据要素新制度、公共数据授权运营新要求,以及气象数据更好支撑"两个气象现代化"的新使命,当前气象数据流通交易还存在制度体系不健全、出口管理不统一、技术支撑不到位、产业生态未形成等一系列问题,需要从体制机制、制度规范、流程生态、技术队伍等各方面统筹考虑、整体部署、系统解决。

四、有序推进气象数据流通交易的若干建议

中国气象局作为气象数据资源行业管理部门,既承担着有效运用气象数据筑牢气象防灾减灾第一道防线、全面提升气象服务供给能力的职责,也肩负着推动气象数据要素市场化配置、充分释放气象数据要素价值潜能的任务。按照"强化优质供给、健全市场配置、完善治理体系、促进合规流通、坚持合作共建、保障安全发展"的工作原则,通过中国气象局统一部署、国省协同推进,打造参与主体权责分明、多维权限协同一体、覆盖气象数据全生命周期、有序安全高效的气象数据流通交易体系。体系框架可概括为"12345"。

(一)夯实1个制度底座

基础数据制度是发挥气象数据价值、强化社会治理能力、保障流通交易安全的前提和基础。一是对内制定完善气象数据汇交收集、分类分级、授权管理、安全监管等基础制度标准规范,不断健全规范高效、安全可控的数据内部管理制度体系;二是对外发挥多方力量共同制定气象数据众创共建、价值评估、合规审查等标准规范规则,加快建立激励创新、弹性包容的气象数据社会治理制度体系。

(二)建设2个关键平台

2个关键平台包括气象数据授权运营平台、气象数据服务监管平台,是重要的数字基础设施和技术支撑,能够为气象数据流通交易全流程提供安全可信的开发利用环境、高效公平的运营环境、全链条溯源监管环境。

(三)划分3级数据市场

按照"数据二十条"要求并结合气象数据属性特征,将所有气象数据分别划

入 3 个互联的市场。一是要严格管控的零级市场,主要包括原始气象数据、重要气象数据;二是要规范发展的一级市场,主要包括产权明晰、通过业务准入的高价值气象数据产品;三是要激活繁荣的二级市场,主要包括由各类主体依据具体需求场景,再挖掘利用生成的新产品新服务,是气象数据流通交易的主要场所。

（四）健全 4 个工作区域

一是内部管控区,为气象数据在部门内部流动的区域,包括数据收集、分类分级管理等。二是特许加工区,涵盖了部门内部气象数据的加工处理,以及部门外部主体参与的数据产品众创共建。三是流通交易区,为气象数据在市场上进行流通交易的区域。四是安全监管区,对气象数据流通交易全过程进行监管溯源。

（五）加固 5 个关键环节

一是数据供给链,联接内部管控区和特许加工区,确保数据供给质量和安全。二是产品加工链,联接特许加工区和流通交易区,确保数据产权明晰。三是运营授权链,保障数据特许加工、运营流通的授权与再授权的实施。四是流通服务链,确保流通交易区内部服务生态各方的行为合规、权益保障、流转清晰。五是监管溯源链,确保各参与主体行为、各类数据流转等可记录、可追溯。

推进气象数据流通交易,必须要在党的集中统一领导下,以维护国家气象数据安全为前提,以促进气象数据合规高效流通使用、赋能实体经济为主线,以引领带动社会各方力量共同满足人民需要为目标,以持续有序安全便捷向全社会释放气象数据要素价值红利和创新提升气象数据行业治理能力为重点,紧紧抓住气象数据的公共数据属性特征,强化对气象数据流通交易工作的统筹组织管理,做好工作整体部署安排,研究适合气象数据流通交易的模式,有序稳妥构建覆盖从数据供给直至消费利用全链条的中国特色的气象数据流通交易体系。

气象信息化标准建设及实施应用调研报告

李 湘[1] 王 颖[1] 薛 蕾[1] 许 雷[1] 王甫棣[1] 李 宝[2]

（1. 国家气象信息中心；2. 中国气象局政策法规司）

为深入贯彻落实习近平总书记对气象工作的重要指示精神，按照中国气象局《关于在气象部门大兴调查研究工作的实施方案》部署要求，2023 年 5—7 月国家气象信息中心调研组围绕推动《气象高质量发展纲要（2022—2035 年）》落地落实，通过问卷调查、走访座谈、会议交流、文献调研等方式，在部门内外开展信息化标准建设及实施应用效果调查，梳理分析现状，推进存在问题改进，提出健全气象信息化标准体系，促进信息化标准化治理效能提升的举措建议。

一、调查与反馈

（一）部门内问卷调查

调研组编制气象信息化标准建设实施情况及应用效果调研问卷，就信息化标准体系建设、标准制修订、标准实施应用、标准宣贯培训四方面 12 个问题进行调查，全国 31 省（区、市）气象局回函反馈。

标准体系建设方面。2016 年发布《气象信息化标准体系》以来，标准体系经历了 2016、2018 和 2022 共 3 个版本，提出了涵盖气象业务和政务管理信息化的标准体系框架，确定了数据资源、基础设施资源和信息平台等标准规范制修订计划，滚动更新完善标准体系。根据调研，目前国、省两级气象信息部门主要参照执行 2022 版，基本满足业务需求。同时，有 10 个省反馈需要根据业务发展加强关键急用标准规范建设，如基于区块链技术的气象数据和产品共享及交易实施、物联网、人工智能、机器学习在气象部门应用等标准规范。

标准制修订组织方面。全国气象基本信息标准化技术委员会（SAC/TC 346）负责组织管理气象信息领域行业标准和国家标准制修订，目前归口管理行业标准 75 项，国家标准 7 项，在编行业标准和国家标准 43 项。根据现状分析和调研反馈,气象信息标准制修订以国家级气象部门承担为主,省级气象部门牵头制定标准只占全部标准的 15%,省级气象部门参与度不够。

标准实施应用方面。省级气象部门大多建立了标准实施应用措施和应用反馈机制,通过实施标准清单制度、开展标准实施应用分析和案例总结、定期收集应用单位意见等方式,促进气象信息标准在气象信息业务和项目建设中推广应用,在业务治理、系统建设等方面发挥了积极作用。但标准实施管理措施和应用反馈机制还不完善不健全,约束性和覆盖面不够。

标准宣贯培训方面。全国气象基本信息标准化技术委员会和各省(区、市)气象局通过世界标准日、世界气象日等活动,以及气象标准化培训班等组织日常的标准宣贯培训,但还存在标准宣传和培训的力度及范围不够、系统性和针对性不足等问题。

(二)部门外走访交流

调研组赴中国民航局航空气象中心、国家基础地理信息中心、水利部信息中心进行走访座谈,向国家海洋标准计量中心进行了书面调研,了解外部门信息化标准发展以及标准实施应用经验做法。同时,通过参加有关会议,收集了解气象信息领域军民共用标准需求和制修订工作经验。

标准体系建设方面。走访和书面调研单位信息化标准化工作都起步较早,制定了标准体系,根据科学技术和行业发展需求不断更新修订。例如,水利部根据数字孪生水利建设需要,跟进开展标准体系表修订,形成了由数字孪生流域、数字孪生水网、数字孪生水利工程构成的数字孪生水利标准框架体系,多方位开展新技术应用标准预研究,以部发文形式颁布了一系列数字孪生水利方面的技术性文件,推动全国数字孪生水利建设。

标准制修订组织方面。走访和书面调研单位在制定和执行国家标准、行业标准的同时,积极参与国际组织的标准制定和执行国际标准,推动标准与国际接轨。例如,国家基础地理信息中心在国家标准制修订组织和标准国际化方面经验丰富,目前承担全国地理信息标准化技术委员会职责,管理现行国家标准 213 项,在研国家标准 69 项,在研国家标准外文版 12 项,此外还承担 ISO/TC211 国内技术对口工作,深度参与国际标准化相关工作,包括翻译国际标准草案、技术文档,将国际标准转化为国家标准,并主导或参与国际标准制修订。

标准实施应用方面。走访和书面调研单位一般采用管理部门发文方式推动标准应用,并定期评估标准的适用性,采取问卷调查、电话随访等形式收集标准应用情况和建议,在发挥标准的基础性和引领性作用方面取得较好成效。

标准宣贯培训方面。国家基础地理信息中心采用线上线下标准化培训班、专业技术论坛等多种方式,宣传和培训标准化政策、标准体系,并积极推荐专家参与国际标准制定和组织国际 ISO/TC 等标准工作组会议,有效促进了标准制修订及标准应用水平的提升。

（三）互联网文献调研

调研组跟踪分析国家大数据、信息化标准现状及发展,通过互联网开展了文献调研,分析了《大数据标准化白皮书》,以及信息化相关的国家标准。

全国信息技术标准化技术委员会于 2023 年 3 月发布了《大数据标准化白皮书（2023 版）》,完善了大数据标准体系框架,系统阐述了大数据相关政策法规、技术发展、产业应用和热点方向,为行业大数据发展提供了统一标准,是对大数据技术行业应用的有力推动。信息化相关国家标准,包括信息技术服务、信息技术软件、信息安全技术等,从各方面为气象信息化标准的制定提供重要的指导、参考和借鉴。

二、问题与改进

通过调研,分析气象信息化标准建设及实施应用现状,梳理存在问题和改进措施,结合工作实际持续完善气象信息化标准体系,强化标准制修订工作技术指导,推进标准质量提升和实施应用。

（一）气象信息化标准体系需要进一步完善

现行《气象信息化标准体系（2022 版）》基本满足业务需求,但其先进性、完备性存在短板和不足,主要表现在对支撑智慧气象、数字孪生、人工智能应用的信息标准研究滞后;一些关键急用标准未及时纳入标准体系,主要需求集中在新型观测数据格式以及信息系统云化、数据安全和业务安全等技术要求。

改进措施:一是推进开展支撑智慧气象、数字孪生、人工智能应用的信息标准研究,启动《气象信息化标准体系（2022 版）》修订,完善体系框架和标准明细表。二是按照急用先行原则,聚焦"云+端"气象业务技术体制构建发展,提出2023—2025 年重点气象信息标准项目建议。三是制订 2023 年信息化标准化工作计划,明确年度任务和分工,挂图作战落实新型观测数据格式、信息系统云化技术要求等关键急需标准制修订。四是围绕服务军民融合战略,推动 7 项气象数据行业标准申报军民共用国家标准。

（二）国家级技术指导需要进一步增强

国家气象信息中心承担全国气象基本信息标准化技术委员会秘书处职责，负责组织管理全国气象基本信息行业标准和国家标准制修订。由于在标准申报和制修订工作中对省级技术指导存在不足，省级作用发挥不充分，主要表现在目前标准制修订牵头单位主要集中在国家级气象部门，省级气象部门参与的深度和广度不够，省级气象部门部分在编标准对标准化对象理解不准确，存在系列和关联性标准内容不协调等问题。

改进措施：一是加强工作组织。依托气象信息化系统工程标准建设任务实施，广泛吸纳安徽、青海、云南等省技术骨干牵头承担10余项标准规范编制，指导省级气象部门牵头申报数据格式等行业标准/国家标准项目。二是加强技术指导。通过组织专题研讨，对由不同起草人牵头起草的气象资料分类与编码系列标准、气象数据对象标识符系列标准、数字档案馆系列标准的体系规划、标准名称、标准内容等进行统一规划和协调，指导标准编制。三是加强制修订支撑。通过及时组织研讨论证，对立项标准的规范内容和技术路线跟进指导，促进标准质量提升。

（二）标准实施应用需要进一步加强

"十三五"期间累计制修订气象信息标准和技术规范170余项，在气象信息业务和项目建设中得到应用，在业务治理、系统建设等方面发挥了积极的作用。但在业务和项目实施中也还存在对约束类标准执行不严格、不全面的问题，导致部分数据描述、业务流程和软件开发不规范、不集约。例如，现行业务中地面、高空、辐射、酸雨等观测数据格式与已颁布的相关格式的行业标准存在差异；数据库存储结构、服务接口以及数据格式中部分气象要素的表示方式与《气象数据元温度》等数据元行业标准不一致；行业标准《地面大气气溶胶观测数据格式BUFR》已经颁布，但尚未在大气成分观测站气溶胶观测业务中应用，目前不同观测设备输出的气溶胶数据还存在格式不统一的问题。

改进措施：一是将新型观测数据格式实施应用纳入标准化年度工作计划，结合在建工程实施、探空观测系统升级建设等统筹推进地基遥感垂直观测、视程障碍现象仪观测、北斗探空等数据格式全国业务应用。二是推进将气象资料分类与编码、元数据、数据服务接口等约束类标准清单纳入系统建设管理，在系统设计、开发、测试、验收环节增加标准符合性审核。三是推进建立标准适用性和效益评估机制，促进标准制修订、实施、改进形成闭环，促进标准治理效能提升。

（四）标准宣贯培训需要进一步加强

全国气象基本信息标准化技术委员会借助世界标准日、世界气象日等活动，采用调查问卷、主题宣讲、发放宣传材料等方式对发布的标准进行宣贯，录制标准解读的视频课件在中国气象标准化网上发布，组织撰写标准解读文章在《气象标准化》期刊上发表。标委会秘书处定期组织标准起草组主要负责人参加中国气象局政策法规司组织的气象标准化培训。但目前仍缺乏对整个标准体系的宣讲和培训，在具体的国家标准和行业标准制修订方面，也存在培训力度不强、培训范围不广、培训系统性和针对性不足以及培训方式不够丰富等问题。

改进措施：一是推进建立气象信息化标准体系管理网站支持业务技术标准规范查询和下载，方便各级业务管理、技术服务人员查找相关标准，了解标准制修订相关政策、流程和方法。二是进一步丰富标准宣贯方式，通过论坛交流，加强约束类标准宣贯，扩大标准培训力度。三是在技术年会安排标准体系和约束类标准解读，交流标准实施进展成效，促进标准实施应用。

三、思考和建议

气象信息是气象事业发展的"四大支柱"之一，关系气象高质量发展全局，必须树牢"标准决定质量"的鲜明导向。从调研分析看，对比水利等部门的标准体系，气象信息化标准体系先进性存在差距；对标气象高质量发展要求，气象信息化标准体系的完备性以及标准质量还存在不足，需要加快推动信息新技术应用标准研究，加快完善体系框架，提高标准质量，加强实施应用，更好地支撑和促进气象信息支柱能力和水平全面提升。

（一）坚持需求引领，提升信息化标准体系的先进性

气象信息化标准体系应以气象信息业务发展方向和重点领域标准需求为导向，系统谋划总体布局，动态更新调整体系框架。突出重点优先发展方向，明确关键急需标准。加快健全地球系统大数据资源标准，加快建立系统云化、数据安全和业务安全标准，加快推动数字孪生、人工智能等新技术应用标准研究，支撑气象科技能力和社会服务现代化。

（二）坚持包容开放，促进多元化参与标准制修订

加强国家级标准规范技术指导作用，采用"国带省"的方式，国家级气象部门

牵头,省级气象部门参与,吸纳优秀省级气象部门技术人员加入到信息化标准规范编制工作中。借鉴国家基础地理信息中心等在国际标准转化为国家标准、国家标准升级为国际标准方面的经验,提升实质性参与国际标准化工作的能力和水平。加大气象国际标准的跟踪、评估和转化,在有国际应用前景的专业领域加强国家标准外文版的出版,促进气象领域国内标准与国际标准的对接。

（三）坚持以用为本,促进信息标准治理效能提升

强化标准制度属性,多措并举促进标准应用。落实标准实施监督责任,以标准为依据推进工程项目建设业务准入管理,以"约束类标准"为重点开展标准实施应用情况的检查评估,推动标准制定实施全过程追溯,提升标准的治理效能。

（四）坚持宣传引导,促进标准化理念和意识提升

充分利用"世界标准日""世界气象日"等主题活动,宣传普及体系化的标准化理念、知识和方法,提升气象信息领域标准化意识。研制形式多样的解读材料和宣传资料,运用现场和网络培训、试点示范等多种方式,强化标准体系和重点标准宣贯解读,促进标准的建设实施,营造标准化助力气象高质量发展的良好氛围。

释放气象数据要素价值，
赋能经济社会高质量发展

黄　珣　丁　严　李文婧　陈京华　范天罡　鞠诗尧
王晓煜　刘　丹　马文博　郭冬灵　迟　亮

（中国气象局直属机关党委（巡视办））

一、调研背景与概况

习近平总书记指出："要构建以数据为关键要素的数字经济。"2022 年,《中共中央 国务院关于构建数据基础制度更好发挥数据要素作用的意见》从数据要素、流通交易、收益分配、安全治理等方面构建数据基础制度体系,提出 20 条政策举措。国务院《气象高质量发展纲要（2022—2035 年）》提出"推进信息开放和共建共享。健全跨部门、跨地区气象相关数据获取存储汇交、研制高质量气象数据集,提高气象数据应用服务能力。""实施'气象＋'赋能行动,推动气象服务深度融入生产流通消费等环节",要求进一步释放气象数据要素价值,服务经济社会高质量发展。

在中国气象局应急减灾与公共服务司和预报与网络司的指导下,直属机关团委邀请国家发展和改革委员会、交通运输部、农业农村部青年共赴广东开展调研实践活动。先后前往深圳、广州、韶关、清远、湛江,调研深圳盐田国际、数据交易所、地铁集团,韶关市公安局交警支队高速公路支队,广东农业科学研究院茶叶研究所等气象服务用户及当地气象部门。通过实地走访、座谈交流、个别访谈等形式,沿着气象数据要素生命周期,了解从部门内生产加工、对外共享流通到服务用户的全过程,调研气象数据要素开放共享、流通交易、数据安全以及在交通、农业等领域服务保障情况。以气象数据要素的小切口,调研党中央国务院的决策部署贯彻落实情况的大视角,加深气象数据赋能经济社会发展应用场景理解,为推动气象数据服务能力提升、加强跨部门联动合作等贡献青春智慧与力量。

二、广东气象部门数据赋能服务地方发展的经验做法

（一）推进高质量产品研制，探索数据市场化配置改革

广东地方政府积极推动以气象数据为代表的公共数据开放，依托政府统建平台实现跨部门、跨地区、跨层级共享。全国率先出台《数据要素市场化配置改革行动方案》，挂牌广州、深圳数据交易所，为数据流通提供平台支撑。广东气象部门主动作为，落实行业、地方数据管理政策制度，在数据共享流通等领域取得进展。

大力推进高质量数据产品研制，加强气象数据开放共享。气象服务的本质是数据信息服务，广东省气象局打造"气象信息共享包"，向气象服务社会主体免费提供省市县天气实况、预报和灾害预警等信息。依托省统建一网共享平台提供台风路径预报、雷达拼图、气象卫星红外云图等 17 类高质量数据产品，供外部门申请调用。深圳市政府数据开放平台气象数据调用量在 TOP10 排名占据 3 席，气象数据在政府数据开放共享工作中广受好评。

积极探索气象数据要素市场化配置改革，推动气象数据保值增值。广州市气象局完成短临预报、内涝气象风险预警 2 个气象数据产品上线广州数据交易所。深圳市气象局与深圳数据交易所合作完成气象数据模拟交易流程，依托深圳气象创新研究院推进建设众创开放共享平台，提供"可用不可得"安全数据加工环境，吸引国企、科研院所等开展跨部门、跨行业数据融合产品研发，释放气象数据要素市场价值。

（二）部门行业深度融合，场景化气象服务成效明显

广东气象部门构建"部门＋气象"智慧服务应用示范场景，以"有联动机制、有适用产品、有展示平台、有具体应用、有专业观测、有技术突破"六有目标保障智慧气象服务长效发展，社会效益突显。

高速公路气象服务全国试点形成"韶关经验"。韶关市气象局结合历史恶劣天气事件数据，构建了浓雾、雨雪冰冻、强降雨恶劣天气预警数值模型，建设高速公路恶劣天气交通预警处置平台，实现气象监测数据、关键点视频监控、应急响应反馈、路面基础信息等数据的互通共享。强化公安、气象、高速公路业主部门间的协同和区域联动，制定分级别的应急预案和应急处置联动工作机制。韶关市恶劣天气交通风险预警处置工作成效明显，2021 年、2022 年试点路段交通事

故同比分别下降 23％、22.46％。

地铁气象预警联动打造"520"响应机制。深圳市气象局将天气实况、雷达拼图等数据产品通过智慧气象服务平台提供给地铁集团,联合建立大风、暴雨、积水等灾害的风险阈值模型,实时监测站点风险等级。遇风险等级超过阈值,预警信息自动推送地铁集团,根据预案采取地铁限速、关站、停运等防御措施。打造联动"520"响应示范机制(即5秒自动获取预警、2分钟点对点推送到责任人、0时差启动应急响应),在深圳市历次台风防御中得到充分应用。

港口码头防御台风提供"深圳案例"。深圳市气象局与盐田港密切合作,对台风早研判早预警,制作台风对港口作业影响的"灾害预评估"气象服务产品。盐田港根据不同等级的台风预警信号制定系列防御措施,包括码头的鹰位绑扎、龙门吊等加固设施、现场人员调配等,形成了抗台防台操作指引。深圳市气象局"提前预估、防御联动"的场景化气象服务,为保障港口作业安全提供了有力支撑。

(三)特色农业气象服务保障农业产业高质量发展

广东气象、农业部门深化合作,积极探索特色农业气象服务,在技术攻关、指标建立、平台建设、模式创新等方面取得了成效。

海洋牧场气象服务取得初步成效。湛江市气象局建立海洋渔业(养殖)气象试验站,开展渔业安全生产气象风险研究,研发风险预报预警产品及服务系统,构建渔船、海上养殖设施安全作业风险识别技术和预警发布体系,增强渔船、海上养殖设施风险预警与自救互救服务能力。2023年7月,湛江市气象局及时响应,提前向海洋牧场用户提供台风"泰利"潜势预报服务,台风生成后每日递进式加密发布最新气象信息、滚动更新,减损实效得到用户高度赞扬。

联合打造茶叶特色服务品牌。清远市气象局与农业局、广东省农业科学院茶叶所建立了长期合作机制,组建英德红茶气象特色服务团队。布设气象观测站和病虫害监测点,开展对茶叶园区降水、温度、湿度、气压等气象要素土壤墒情等观测和病虫害检测,尝试对茶叶生产全过程进行动态监测、预警与量化评估;开展对茶叶种植气候区划及调整种植结构、品种搭配等的精细服务;为打造省级农业特色气象中心和建设茶叶气象服务平台提供了有力的支撑。

探索农业政策性气象指数保险。在广东省政府农业保险政策的支持下,清远市气象局依托现有农业气象观测网络,开展小气候观测站网建设和茶叶品质气象指数保险产品研究,完善农业气象指数保险业务流程。2022年12月以来,茶叶品质气象指数保险承保近400公顷,触发2次"低温冷害"保险,核定赔付

37.2万元，取得良好的服务成效。

三、面临挑战

（一）气象数据要素市场化配置效率不高，流通交易处于摸索阶段

气象数据要素权属、定价、收益分配等机制有待完善。产权不清晰、主体责任不明确导致气象数据要素流通渠道不畅。气象数据价值实现过程中涉及采集、处理、交易等环节，不同责任分工主体拥有不同权利，对各环节中利益者的权属界定和收益分配是市场交易中的难点。气象数据产品质量有待提升，跨省数据流通不畅阻碍气象服务供给平衡。市场对气象数据产品质量、跨区域流通等方面提出更高需求，在深圳数据交易所调研了解到，南方电网提出的"电力＋气象"服务供给需求，产品要求更精准，时效性和分辨率更高，服务到场站和线路，需要沿线多省份的气象数据，开展电力、气象多源融合加工分析，为电力调度做精准匹配服务。气象部门现有国省、省际、省内数据流通和服务协调机制不能满足全国统一大市场发展需要。

（二）精准预报、精细服务供给与用户不断提升的需求期待存在差距

台风预警精细度与港口用户需求存在差距，深圳台风类预警信息发布等级全市统一，缺乏东西海区分区域靶向发布，在确保安全生产的基础上，停工停产类的高影响预警信息可以更加精细化，预警晚1秒启动、早1分取消能够创造更多经济社会价值。特色农业气象服务需求了解不深入、服务能力存在不足，茶叶种植对中长期预报、延伸期预测需求迫切，基层台站普遍缺乏农业气象专业化人才。特色农业气象观测设备较少，影响服务精细化和智能化发展。海洋牧场气象服务业务支撑能力不足，岸基、海上雷达覆盖面不广，缺少养殖环境要素的监测，气象和水体环境监测没有协同。针对海洋牧场的气象预报技术以及深海养殖气象指标、适宜度等方面的研究尚未深入开展，海洋牧场气象服务针对性和精细化程度不够。

（三）部分示范项目缺乏后期维护经费，面临资金短缺问题

108条恶劣天气高影响路段优化提升气象保障，缺乏专项资金支持，地方气象部门面临资金短缺问题。目前气象部门在京港澳韶关段高速公路沿线布设气象观测站8套，远不能满足精细化气象服务需求。公安交管部门建设的交通气

象站缺乏维护且管理归属不清,多数设备已无法正常使用。气象服务经费多依靠政府部门,面向市场的服务产品种类较少,交通气象商业服务模式有待深入挖掘。

(四)基层气象部门人才队伍培养和机制建设有待加强

广东省部分基层气象部门国编地编交流不畅,基层编制总量少,地编人员已逐渐成长为骨干力量,但地编受机构编制级别和规模制约,在工资保障、职称晋升等方面存在"天花板",影响了业务人员工作积极性,一定程度上也影响了基层气象事业发展。基层气象部门缺乏多学科复合型人才,"气象+"赋能经济社会发展亟须具备气象、农业、交通、水利等跨行业专业能力的技术人才。保险公司农业天气指数保险研发团队,懂农业、知气象、熟保险的复合型人才很少,制约发展。

四、对策建议

(一)完善气象数据要素交易流通制度、权属界定规则、安全监管体系

落实好国家、地方政策,完善气象数据管理制度体系,确保数据产品和服务合法合规。完善气象数据估值和收益分配机制,探索构建以行政为主导的一级数据要素市场和以市场竞争为主的二级数据要素市场,加强气象数据要素保值增值,由资源属性持续向资产转化。加强部门内外数据共享流通统筹协调。建立健全气象部门内部国省、省际数据流通综合协调机制,明确数据产权和收益分配机制,减少部门内部竞争。跟进国家大数据局组建,各层级加强与地方大数据管理部门对接,基于国家、地方统建数据共享平台,加强跨部门、跨行业、跨层级气象数据开放共享。加快完善气象数据管理与安全监管体系。加快建设"气象数盾",提升数据安全监管和服务监管能力,做好气象数据安全等级分类,分级把控和管理风险,确保气象数据高效安全流通。

(二)加强部门间联动,持续推进"风险预警、影响预报"场景化服务

气象服务已由传统要素服务向深度融入各行各业的风险预警、影响预报转变。加强与交通、农业、水利等部门间的交流合作,主动与服务对象对接。充分了解特定领域气象服务需求,加强相关服务指标和技术联合研究,深入开展气象因子对行业影响的机理研究,实现共用共建共享,提高特色气象服务针对性,注

重打造推广特色气象服务品牌，提高服务效益。结合风险普查数据，紧扣重点地区、行业、用户需求，以提升防灾减灾气象保障能力为根本出发点，持续推进场景化气象服务的应用。结合行业灾情数据、社会经济数据、地理信息等大数据，基于承灾体的危险性、暴露性、脆弱性和防灾减灾能力，实现"从减少经济损失向减轻灾害风险"的目标转变，提升"行业＋气象"服务的"数字化＋智能化"能力和水平。

（三）加强气象服务基础支撑，完善技术服务体系建设

加强气象观测基础支撑建设，综合观测司组织调研评估，加强特色农业气象观测站建设和试验站的建设管理，提高特色农业气象监测能力。增加海上气象观测和环境监测设备，布设海洋牧场专业气象和环境观测网，提高海洋牧场气象和养殖环境监测能力。完善技术服务体系建设，国省气象部门深入开展海洋气象预报预警技术研发及信息化平台构建，提升面向海洋牧场等场景化海洋气象服务保障能力。开展关键气象指标和技术以及重点鱼类气象灾害保险指数研究。

（四）加快业务技术体制改革，用"智慧气象"武装基层气象服务

智慧气象向基层拓展延伸，预报等核心技术研发向国省气象部门汇聚，市县气象部门积极拓展承接区域特色气象服务。每一名基层气象服务工作者身后是国省气象服务专家提供高质量的产品平台技术支撑，前店后厂，因需而动，让听得见炮声的人呼唤炮火。"云＋端"一体化业务系统为每一名基层气象服务人员赋能。业务系统平台化、组件化、集约化发展。推进核心业务打造省市县一体化业务平台，加大力度推进全国气象部门范围内数据产品、算法的共建共享，实现部门技术资源全国调度，带动气象部门业务快速发展。严格落实集约化要求，避免部门内低水平重复建设。

（五）完善人才队伍、运维经费等保障措施

加强人才队伍建设。联合环境、农业、交通、海洋、电力等部门开展跨部门、跨学科领域技术研发，培养部门内复合型人才，扩大专业气象和应用气象类专业人才比例。针对广东等地编较多省份，研究制定针对性政策，打通地编人员晋升通道，有效激发基层气象部门人才活力。强化经费投入保障。加大示范项目后期经费投入，科学统筹项目建设维护经费，探索设立中国气象局与地方政府共建共享项目专项资金，完善支持保障措施，为项目建成后期维护提供支撑。

现代治理体系下广西建立以气象灾害预警为先导的应急响应联动机制的分析与对策

钟国平　郑宏翔　高　峰　肖　潺　郭小军　陈晓霖
钟　韬　李　蔚　李斌喜

（广西壮族自治区气象局）

在极端天气越来越频发、事故灾难越来越难以预测、各类新兴风险因素不断涌现的当下，应急管理的重要性日益凸显。推进应急管理体系和能力现代化，是实现国家治理体系与治理能力现代化的重要组成部分，也是党和政府治国理政水平的重要体现。气象先导性的特性在自然灾害应急管理体系中尤为关键，以气象灾害预警为先导的应急响应联动机制（简称"预警先导响应机制"）研究是自然灾害应急管理领域一个重大的理论和实践命题。广西壮族自治区气象局党组调研组坚持运用习近平新时代中国特色社会主义思想的立场观点方法，采用文献分析、案例分析、问卷调查、座谈访谈、实地调查等多种方式[①]进行调查研究，以期推动气象灾害预警从"消息树"真正变成"发令枪"，不断提高防灾减灾成效。

一、从应急管理体系发展趋势看方向与路径

2007年《突发事件应对法》颁布实施以来，我国逐步建成了以"一案三制"（即突发公共事件应急预案，应急机制、体制和法制）为核心的应急管理体系。2018年党政机构改革，国家成立应急管理部[②]，将单一灾种管理部门职责整合至

---

① 此次调研，29个省（区、市）气象局、14个市气象局和27个自治区相关部门（单位）参与了问卷调查，调研组与15个部门（单位）面对面座谈，到贵州省气象局、梧州等5市气象局、6个县气象局、1个企业实地调研。

② 根据《深化党和国家机构改革方案》（中发〔2018〕11号），将国家安全生产监督管理总局的职责，国务院办公厅的应急管理职责，公安部的消防管理职责，民政部的救灾职责，国土资源部的地质灾害防治、水利部的水旱灾害防治、农业部的草原防火、国家林业局的森林防火相关职责，中国地震局的震灾应急救援职责以及国家防汛抗旱总指挥部、国家减灾委员会、国务院抗震救灾指挥部、国家森林防火指挥部的职责整合，组建应急管理部，作为国务院组成部门。

综合应急管理部门,实现了从条块化管理向综合式管理的转变。2019 年,党的十九届四中全会通过《中共中央关于坚持和完善中国特色社会主义制度 推进国家治理体系和治理能力现代化若干重大问题的决定》,明确提出要"构建统一指挥、专常兼备、反应灵敏、上下联动的应急管理体制,优化国家应急管理能力体系建设,提高防灾减灾救灾能力",开启全面推进国家应急管理体系和能力现代化的新征程。尽管 2018 年的改革未将气象灾害防治直接划归应急管理部门,但在国家应急管理体系框架下建立并运行的广西气象灾害应急管理体系,受改革影响亦发生了较大变化。

(一)应急预案

应急预案是体制机制的重要载体,主要规定突发事件应急管理工作的组织指挥体系与职责,突发事件的预防与预警机制、处置程序、应急保障措施以及事后恢复与重建措施等内容。2010 年和 2012 年,自治区政府出台专项气象灾害应急预案《广西壮族自治区气象灾害应急预案》和《广西壮族自治区雨雪冰冻灾害应急预案(试行)》。为适应从单一灾种防治应对向综合防灾减灾转变,近年来政府层面的应急预案更突出系统性、科学性和实效性。2022 年自治区政府制定《广西壮族自治区防汛抗旱应急预案》,综合了洪涝、台风和干旱灾害 3 项应急预案内容,同时将暴雨、台风预警作为启动应急的条件之一。与气象灾害影响密切相关的教育、交通运输、应急、自然资源、广电、水文、海事、消防 8 个部门,以及铁路、电力、机场、承担应急救援的 5 家大型国企①已在专项预案或部门预案中将气象预警作为应急启动条件之一。按照"上下对应、覆盖全面、衔接有序、管理规范、注重实效"的要求,市、县(市、区)总体预案、专项预案及部门预案基本与上级保持一致。乡镇(街道)编制 18 类应急工作手册②中,防洪、内涝、防台风应急工作手册已将气象灾害预警作为响应标准。村(社区)编制简明化应急预案文本,风险隐患包括了台风、暴雨、洪水、内涝、干旱等自然灾害风险。

---

① 书面调研 30 个部门(单位),27 个反馈意见,3 个未回复,其中 13 个部门(单位)在专项预案或部门预案中已将气象预警作为应急启动条件之一,具体是教育厅、交通运输厅、应急管理厅、自然资源厅、广电局、水文中心、广西海事局、中国铁路南宁局集团有限公司、广西消防救援总队、中国安能集团第一工程局有限公司、广西机场管理集团、广西电网有限责任公司、广西桂冠电力股份有限公司。

② 根据《广西壮族自治区减灾委员会办公室 广西壮族自治区安全生产委员会办公室 广西壮族自治区应急管理厅关于印发广西应急预案体系建设实施方案的通知》要求,乡镇(街道)应急预案工作手册示例中包括生产安全事故、自然灾害救助、防洪、内涝、突发性地质灾害、地震灾害、防台风、干旱灾害、森林火灾、突发公共卫生事件、火灾事故、城镇燃气突发事件、疫情防控、农作物生物灾害、突发动物疫情、校园突发事件、旅游突发事件、群体性事件 18 类应急工作手册。

由此可见,专项气象灾害应急预案中仅台风、暴雨、干旱 3 类气象灾害已纳入自治区、市、县(市、区)、乡镇(街道)、村(社区)五级防汛抗旱应急预案体系,其他类型气象灾害①的应急处置依然沿用原预案。

(二)应急管理体制

应急管理体制是指应急管理机构的组织形式。组织领导机构是政府成立的减灾委员会,气象灾害应急指挥部(办公室设在气象局)是专项应急指挥机构,负责启动气象灾害应急响应,统一指挥气象灾害应急处置工作。2018 年改革后,防汛抗旱指挥部(办公室设在应急管理厅)负责领导、组织防汛抗旱②工作,包括部分气象灾害但并未涵盖全部。据调查,自治区本级、7 个设区市的气象灾害应急指挥部已被撤销,7 个设区市仍保留;只有梧州市通过立法形式明确了两个指挥机构的职责划分,自治区本级、13 个设区市尚未以立法、应急预案或文件等形式予以明确改革后指挥机构职责衔接问题。

(三)应急管理机制

应急管理机制是指突发事件发生、发展和变化全过程中各种制度化、程序化的应急管理方法与措施保障,实质上是一组以相关法律法规规章及党委政府文件为依据的应急管理工作流程。2014 年至今,尤其是 2019 年以后,广西先后建立了重大气象信息报告党政主要负责人、信息共享、联合会商、防汛抢险救灾一线工作法、极端天气停课等机制。调研期间,自治区防汛抗旱指挥部出台了暴雨预警和应急响应联动工作机制。

(四)应急管理法制

应急管理法制是指应急管理法律制度,是开展各项应急活动的根本依据。2006 年和 2013 年广西先后颁布地方性法规《广西气象灾害防御条例》和政府规章《广西壮族自治区实施〈气象灾害防御条例〉办法》,从法律层面规范气象灾害预警信号发布和传播、气象灾害应急预案编制启动,赋予政府根据应急处置需要

---

① 《广西壮族自治区气象灾害应急预案》和《广西壮族自治区雨雪冰冻灾害应急预案(试行)》适用于台风、暴雨、干旱、高温、寒潮、低温、寒露风、霜冻、冰冻、暴雪、大风(海上大风、雷雨大风)、雷电、冰雹、大雾、霾等气象灾害事件的防范和应对。

② 根据《广西壮族自治区防汛抗旱应急预案》,突发性水旱灾害包括江河洪水和渍涝灾害、山洪灾害(指由降雨引发的山洪、泥石流灾害)、台风风暴潮灾害、干旱灾害、供水危机以及由洪水、风暴潮、地震等引发的水库垮坝、堤防决口、水闸倒塌、堰塞湖等次生衍生灾害。

采取停产、停工、停业、停运、停课（简称"五停"）等措施的权力。2022年，梧州市率先颁布政府规章《梧州市极端天气灾害防御管理办法》，明确划分防汛抗旱指挥机构和气象灾害应急指挥机构职责，从各类应急预案入手建立预警先导响应机制，细化停课等应急处置措施，建立气象灾害防御重点单位制度等。

（五）综述

通过梳理国家和广西应急管理体系的发展历程可以看到，广西积极开展预警先导响应机制的实践探索。现代治理体系下，法治化是必由之路，健全预警先导响应机制需继续以"一案三制"作为有效载体。

二、从实践案例中找问题与瓶颈

暴雨是广西频发、影响范围最广的气象灾害，同时暴雨气象灾害预警最先作为防汛抗旱应急预案启动应急的条件之一。因此，调研组以2023年5月22日桂林市特大暴雨灾害作为案例，结合问卷调查、厅级部门座谈中关注最多的问题予以分析，从中找出预警先导响应机制中的问题与瓶颈。

（一）案例概述

5月22日凌晨，桂林市出现极端强降水过程，灵川、临桂、桂林市区、永福、恭城等地出现特大暴雨2站、大暴雨42站、暴雨60站，桂林市秀峰区局部3小时降水量达300.1毫米、小时雨强达160.6毫米，均打破桂林市历史纪录。市区出现严重内涝，部分河段出现超警戒洪水。桂林气象部门以气象预警为先导，应急启动预警叫应机制，市应急管理局、水利局、水文中心、自然资源局、城管委、教育局、供电局、消防救援支队、交警大队等部门快速响应、联防联动，实现人员的零伤亡。教育局严格落实停课要求，市区共计371所学校停课，涉及学生139813人。

（二）关注问题分析

1. 气象灾害预警信号的提前量和精准度

长期以来，各部门向气象部门提得最多的建议是预警提前量多一些，预测影响范围更具体更精准。此次问卷调查，有20个部门认为"预警信号时间提前量不够"，占74.1％，有14个部门认为"预报精细程度不够"，占51.9％。对此，调研组对桂林"5·22"特大暴雨灾害启动应急等相关情况进行调查。桂林市气象台 22 日 05 时 32 分发布暴雨红色预警信号,23 分钟后(即 05 时 55 分)市防汛抗旱指挥部启动洪涝灾害Ⅳ级应急响应,如按 06 时整点降水计算,气象预警提前了 28 分钟。06 时 23 分市教育局发布停课通知,随后各城区教育局逐级通知辖区学校、各班师生,由于涉及范围广,需要较长的时间。07 时 00 分市供电局和市城管委启动防汛Ⅳ级响应。

发布预警信号后气象部门最重要工作就是叫应,叫应的渠道以电话和微信群为主。据了解,桂林市气象台电话叫应市防汛办、应急管理局、地质环境监测站、镇政府等相关部门 33 次,与市应急管理局电话天气会商 1 次,气象台打电话共计 1 个小时 20 分钟;灵川等 4 个县(区)气象局电话叫应县委书记、县长、常务副县长、分管副县长,教育、应急和水利部门的局长,所有受影响的乡长和书记,用时 8～14 分钟不等。

从上述调查可以看出,气象部门发布预警信号有较多的提前量,为相关部门赢得更多决策指挥时间。但既要发得早又要报得准是不可回避的矛盾,受限于当前气象监测、预报技术等客观因素,提前量和精准度与政府及相关部门的期望值有差距,还无法满足精准调度的需求。此外,电话叫应时间有待进一步缩短。

2. 极端天气下"五停"的落实

自治区党委政府立足防大汛、抗大险、救大灾,提出气象部门发布暴雨红色预警信号后,要立即实行"关、停、管、转、救"的措施。通过桂林"5·22"特大暴雨灾害案例可以看出,防汛抗旱应急预案涉及应急、水文等部门都能做到"凡红必应",但"五停"中只有停课做到了,政府及相关部门对哪些行业、企业单位需要停产、停工、停业确实难以直接作出命令。

经调查了解,极端天气停课机制由自治区气象局和教育局联合制定并自上而下推广,全区各市、县执行较好,但在执行过程中,还需要结合当地地理环境和学校实际情况,发布停课通知或调整影响区域内学校上学、放学时间。自治区层面尚未出台文件明确哪些行业领域在极端天气下采取"停工、停业、停产、停运"措施,主要原因是涉及面广、对企业经济效益影响大,启动应急标准难以确定。

三、从 3 个关系入手健全预警先导响应机制

在全面推进治理体系和治理能力现代化背景下,广西气象部门适应新的发展要求,积极探索实践预警先导响应机制,但要健全完善这一机制,需要统筹处理好 3 个关系。

（一）理顺"权"与"责"关系，以法治思维和法治方式解决深层体制机制问题

在全面推进法治政府建设的今天，如何运用法治思维和法治方式履行应急管理职责，已成为各级政府及其部门的共识。在立法层面上，通过及时修订《广西壮族自治区气象灾害防御条例》等法规规章，理顺不同主体的权责关系。一是理顺防汛抗旱指挥机构与气象灾害应急指挥机构的关系，健全权责分明、权责一致、运转顺畅的组织体系。二是将预警先导响应机制上升为法律制度，同时明确专项气象灾害应急预案与相关自然灾害突发事件应急预案的衔接，要求与气象灾害影响密切相关部门指导本行业相关单位制定包含极端天气应对的应急预案和开展应急演练，保障气象灾害预警先导作用的发挥。三是在赋予各级政府必要时采取"五停"措施权力的同时，明确上课期间宣布停课的学校或者上班时间宣布停工、停产的用人单位的义务，如为滞留的学生、工作人员提供安全避难场所或者措施等。

在政策制度层面上，一是及时修订现行雨雪冰冻等气象灾害专项应急预案。二是以广西应急预案体系建设为抓手，发挥政策的灵活性，引导气象灾害敏感部门、企事业单位、乡镇（街道）、村（社区）结合自身实际，将气象灾害预警、气象要素阈值融入相关自然灾害突发事件应急预案。三是进一步落实落细暴雨预警和应急响应联动工作机制，基层气象部门可结合地方实际制定相关细化措施，推动基层组织落实防汛"叫应"到户到人"六条措施"。

（二）把握好"统"与"分"的协作关系，主动发挥气象灾害预警的先导作用

在新型应急管理体系中，应急管理部门所处的地位是"统"，即牵头抓总，相关行业管理部门的地位是"分"，即分头防治。既要强化应急管理部门"统"的功能，又要充分发挥行业主管部门的专业优势，是建立应急管理协同格局的要求。因此，气象部门一要主动融入广西"十四五"应急体系建设，参与实施"智慧应急"工程，提供气象灾害风险普查、监测预警等气象数据，促进应急响应决策指挥更科学、更快速；二要加快与相关部门合作，开展基于位置的强降雨、高温、冰冻雨雪临灾阈值研究，提升气象灾害防范工作水平；三要积极与宣传和通信等部门、主流媒体联合建立重大气象灾害预警信息快速传播机制，不断畅通气象预警及科普信息"绿色通道"，聚焦重大灾害性天气，实施"一过程一策"联动科普宣传，及时回应社会关切，引导相关行业部门决策指挥，指导公众开展自救。

（三）处理好"供"与"需"的关系，真正起到应急响应的"发令枪"作用

气象部门是气象灾害预警的提供方，其他行业主管部门是需求方，要使气象灾害预警真正起到应急响应的"发令枪"作用，就必须从需求方"又快又准"的需求出发。一是大力提升监测精密、预报精准、服务精细能力，强化创新团队建设，加快关键核心技术攻关，深化数值预报模式应用，推进风险普查成果应用，提高基于影响的风险预报预警能力。二是规范预警信号发布服务，修订气象灾害预警信号及其制作发布、有效性评价等制度，强化预警信号准确率和时间提前量的科学有效兼顾，以提高预警信号发布的规范性、时效性和可用性。三是提高预警信息快速发布和叫应能力，在广西突发事件预警信息发布平台开展预警信息精准靶向发布功能建设，快速将气象灾害预警信号传递给受影响区域群众。增加开发智能语音呼叫功能，在同一时间内同时叫应防汛办、应急管理局和受影响乡镇主要负责人，提高叫应的效率。

聚焦关键核心技术推进气象科技能力现代化的调研和启示[①]

杨　萍　薛建军　郑秋红　吴　灿　周　圻　韩国琳　张定媛　张　伊

（中国气象局气象干部培训学院）

　　气象事业是科技型、先导性、基础性社会公益事业，这个定位和性质决定了气象科技能力现代化是气象现代化建设和高质量发展的关键所在。从 2006 年出台的国务院 3 号文件到 2022 年出台的《气象高质量发展纲要（2022—2035 年）》（简称《纲要》），提升气象科技核心能力始终是党中央、国务院对气象现代化建设的根本性要求和关键举措。特别是《纲要》提出"到 2035 年，气象关键技术领域实现重大突破""气象监测、预报和服务水平全球领先，国际竞争力和影响力显著提升"，这一目标与气象高质量发展要求内在统一，相辅相成，因而必须持续跟踪世界气象科技前沿，准确把握国际气象发展态势，充分了解和客观认识我国气象科技能力与水平在国际上所处的位置和影响力。

　　基于这一背景，气象干部培训学院调研组围绕"气象核心科技能力国际比较"这一方向，采用定性分析与定量分析相结合的方式，利用资料调研、文献计量、数据统计、比较研究等多种手段，调研美、英等先进国家的气象科技发展现状及经验，追踪国际发展态势，给出量化比较结果，研判我国气象科技能力和水平，特别是深入调研数值预报和地球系统模式等重点领域，提出进一步推进我国气象科技能力现代化的启示。

一、我国气象关键领域的基础研究现状调研

　　高水平研究论文是反映科研成果不容忽视的重要载体。调研组采用文献计

---

　　① 资助信息：中国气象事业发展咨询委员会研究项目（2022—2023 年）"提升我国气象科技核心能力的国际比较研究"致谢：感谢许小峰研究员、王志强研究员对本调研报告的悉心指导。感谢科技与气候变化司、预报与网络司、国际合作司、国家气象中心、国家气候中心、地球系统数值预报中心、国家卫星气象中心、气象发展与规划院等部门相关领导专家对本报告提供的帮助。

量分析法,定量对比和分析了数值天气预报、地球系统模式、极端天气事件、卫星资料应用等重要领域的国际科研态势以及中国在其中的位置,得出如下结论:

(一)多个领域的气象科学基础研究成果产出丰硕且快速增长,量化指标名列前茅

调研数值天气预报、气候/地球系统模式、极端天气、卫星资料、空间天气等领域的SCI论文发表情况发现,上述领域中国在2005年之前SCI论文发表数量普遍偏少,2012年之后呈现出快速增长趋势,跻身为世界SCI论文产出大国。具体来看,气象多个领域发表的SCI论文数量均在世界前5,极端天气事件和卫星气象均位列全球第2,空间天气和地球系统模式位列第3,相比之下,数值天气预报排名稍后,位列第5。值得注意的是,相较于论文产出位于世界前列,中国SCI论文篇均被引次数的优势不太明显,极端天气事件位列全球第7,卫星气象、空间天气位列第8,数值天气预报位列第10,而发文量位列全球第3的地球系统模式这一领域,其篇均被引排在全球第13。

(二)与强劲增长的成果数量相比,研究成果的国际影响力整体偏弱

检索分析极端事件、数值预报、卫星气象等多领域的论文产出发现,中国研究成果的国际影响力整体偏弱。对比极端事件高水平论文(SCI)全球排名前10的国家发现,美国量质齐高,发文量大且影响力强,澳、英、加等呈现"少但精"的特性,量少但影响力高;中国发文量排名第2,但影响力仅高于印度,位列第9,与其他论文产出的TOP10国家相比,整体差距明显。

调研全球42组气候/地球系统模式的SCI发文情况发现,全球基于英国模式发表的SCI论文最多,涉及国家数达到80个,大多数国家的模式涉及国家数为60个以上,基于美国、日本、法国和德国模式的SCI论文也均超过了400篇,相关论文涉及的国家/地区均在60个以上。与其他国家相比,基于中国模式的发表论文排在最后,涉及国家数仅34个,且使用中国模式的基本都为中国学者,第一作者中国学者占比83.6%(表1)。

表1 基于不同国家/地区的气候和地球系统模式SCI论文情况

模式来源国家/地区	论文总量/篇	本国/本地区论文量/篇	本国/本地区第一作者论文量/篇	本国/本地区第一作者论文占比/%	论文所属国家/地区数量/个
英国	862	369	294	34.1	80
美国	725	428	365	50.3	64

续表

模式来源国家/地区	论文总量/篇	本国/本地区论文量/篇	本国/本地区第一作者论文量/篇	本国/本地区第一作者论文占比/%	论文所属国家/地区数量/个
日本	603	177	154	25.5	74
法国	461	195	174	37.7	70
德国	426	200	172	40.4	67
欧盟	291	——	——	——	50
加拿大	267	84	73	27.3	59
中国	207	176	173	83.6	34
挪威	170	77	56	32.9	46

调研气象卫星在全球的使用情况发现,中国虽为卫星大国,但从使用中国风云卫星发表论文情况看,不管是参与国家还是论文数量均为最低,且与美国气象卫星的使用相比差距很大(图1)。可以看到,中国模式和中国资料被更广泛认可和使用还有很长的路要走。

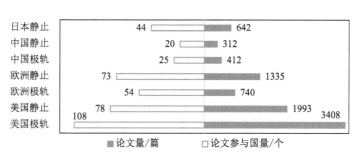

图1　2002—2021年基于4国/地区卫星相关研究的论文发表情况

（三）数值天气预报等重点领域与基础科学的交叉融合明显不足

气象科学发展历程显示出气象科学具有显著的交叉融合特点,特别是与数学、物理学等基础科学密切关联,同时与机器学习、人工智能等新技术深入融合,这与长久以来气象始终服务国家经济社会发展的方方面面不无关系。调研气象学科交叉类研究发现,气象与环境科学领域交叉的研究论文最多,与数学、医学、人文社科等交叉融合明显不足。以数值预报为例,中国数值预报研究与工程学、环境学交叉融合较多,而与数学等基础学科的交叉融合则明显不足,与海洋学、天文物理学等领域的交叉融合也比较薄弱,相比之下,国际上数值预报在数学、海洋学、天文物理学等领域的交叉融合程度均高于中国（图2）。

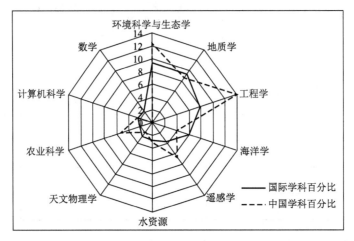

图2　1990—2021年国内外数值预报领域交叉学科领域论文百分比情况

二、数值预报和地球系统模式等重点领域的现状调研

（一）与中国过去相比，我国数值预报模式能力和水平进步明显、增速显著

经过20多年的发展，我国数值预报模式在一些关键指标上取得明显进步。如数值模式水平分辨率从原来的40～80千米提升到10～30千米，垂直分辨率大多提升了1倍左右（50～140层），业务模式分辨率和预报水平显著提升，与国际一流水平的差距有所缩小，部分指标（如垂直分辨率）增速超过全球平均。同时，动力框架、物理过程、资料同化、并行计算及新产品研发等关键技术得到持续改进，成为全球为数不多的、可以基本实现数值预报业务闭环的国家。

（二）与发达国家相比，我国数值预报水平短期内尚不具备超越或领先的实力

国外主要预报中心数值预报业务系统相关指标的对比结果显示[①]，ECMWF在全球模式、集合预报、数据同化以及算力等各个方面优势明显，特别是将全球模式、集合预报和同化系统统一分辨率后，朝着"无缝隙"集合、同化、预测的方向

---

① 基于WMO WGNE发布的2021年模式数据。

更进一步。全球天气数值预报全球确定性预报 15 个业务系统对比显示,欧、美领先优势明显,中国水平分辨率 25 千米位列第 13,垂直分辨率 87 层位列第 9。全球天气数值预报全球集合预报 16 个业务系统对比显示,ECMWF 处于绝对领先位置,NCEP、Met Office 等处于前列,中国自主研发的国家级全球和区域预报系统(CMA-GEPS 和 CMA-REPS),水平分辨率 50 千米位列第 13,垂直分辨率 84 层位列第 6,30 个成员位列第 8。资料同化技术方面,三/四维变分、混合变分、集合资料同化等方法已广泛用于各国的业务资料同化系统,ECMWF 依旧保持着领跑中心的地位。

(三)我国地球系统模式以"引进＋改进"为主,自主研发能力不足

调研中国参与 CMIP6 计划的 13 个模式版本发现,除了中国科学院大气物理研究所自主研发的 3 个大气模式版本、2 个海洋模式版本,清华大学自主研发的耦合器 C-coupler2 外,中国地球系统模式大多基于"引进"或"引进＋改进",中国气象局 BCC-ESM1.0、BCC-CSM2-MR 的大气、海洋、陆面、海冰模式以及耦合器均为引进或改进。中国模式主要引进美国国家大气研究中心(NCAR)、地球物理流体动力学实验室(GFDL)、美国能源部洛斯阿拉莫斯国家实验室(LANL),个别模块引进自德国马普气象研究所(MPI-Met)和欧盟。可以看到,中国地球系统模式的自主研发水平亟待提高。

(四)我国地球系统模式个别指标在国际上具备竞争力,但整体水平偏弱

对比分析参与 CMIP6 的各模式的重要指标,包括大气模式水平分辨率、垂直层数、顶高度,海洋模式水平分辨率、垂直层数,以及模式模拟效果等指标发现,在 55 个模式中,中国大气模式水平分辨率整体较为靠前,多个模式达到国际先进水平,位列前一半的有 6 个模式,其中,中国科学院大气物理研究所的 FGOALS-f3-L 位列第 7,中国气象局 BCC-CSM2-MR 模式排名第 12,但在大气模式垂直分辨率、大气顶高度等指标上,中国模式表现整体水平偏低。在海洋模式水平分辨率和垂直高度上,英、美、法等国实力强劲,中国不同模式差异较大,FIO-ESM-2-0 和 TaiESM1.0 这两个模式均位列中上游,但整体表现能力不足。

(五)地球系统模式的复杂性决定了体制机制建设的极端重要性

调研国外地球系统模式的发展以及组织管理情况发现,由于地球系统模式极端复杂,模式的有效科学管理对发展模式十分重要。以美国通用地球系统模

式（CESM）为例，这一模式发展水平属于全球领先，已经能够实现在大气—海洋—陆面—海冰模式耦合的基础上，进一步耦合气溶胶、碳循环、植被动态、大气化学等过程。调研这一模式管理经验发现，CESM拥有十分完备的组织管理架构，其咨询委员会和科学指导委员会的分工合作对保证模式的科学目标和整体进展发挥了重要作用，提供决策和技术把关各司其职。同时，CESM建立了一个跨越政府机构、大学和其他研究组织的强有力的合作机制，CESM的开发和应用是通过与大学、国家实验室和其他研究组织的科学家（包括国外科学家）建立强有力的伙伴关系来确定的。可以看到，由于地球系统模式的极端复杂性，开放、合作、共享、共赢是取得模式研发成功的关键，建立更为科学有效的管理机制是推动模式取得成功的必要条件。

三、进一步提升我国气象科技能力现代化的启示

《纲要》提出，到2025年气象关键技术实现自主可控，到2035年气象关键技术领域实现重大突破，要加快关键核心技术攻关、加强气象科技创新平台建设。要实现上述短期及长期发展目标，气象科技创新的能力和水平面临着巨大挑战。基于客观认识我国气象科技在重点领域所处的国际位置和主要短板基础上，对进一步提升气象科技能力现代化形成如下启示：

（一）客观认识我国气象科技发展的现状、优势和不足，找准着力点和应对方案

对气象科学多领域的文献计量分析发现，与排名遥遥靠前的论文产出数量相比，中国气象科学在多个领域的学术论文影响力普遍偏低，与卫星、空间天气、极端天气事件等领域相比，中国在数值预报和地球系统模式方面的基础研究更是薄弱环节。调研中国气象部门出访ECMWF情况发现，中国一直十分关注包括地球系统模式在内的模式发展问题。自1981年中国气象科学研究院选派科研人员赴ECMWF开展长达一年的学习交流之后，气象部门向ECMWF派出的访学学者的人员数量和频次始终居于高位。"科研必须紧密结合预报实际，重视微小改进""每周开例会，复盘未抓住天气事件的模式""文章有无不重要，能体现细节的技术报告才是重点"，这些出访人员当初的肺腑之言很多在当下业务发展中已经转化为实践。当下，应继承好选派专业人员访学等经验做法，着力加大对国际先进模式的学习力度，在模式研发这一问题上持续发力、持久作战，同时鼓励更多科研人员参与，有针对性地解决基础性科技难题。

（二）加大气象学科与多学科特别是数学等基础学科领域的交叉融合

中国在气象学领域研究较为广泛，气象关键核心技术如数值预报等离不开数学等基础学科的支撑，目前文献计量的统计结果显示，大气学科与数学交叉融合的高影响论文在中国极为匮乏，需引起高度重视。一方面，气象部门可多培养跨学科、复合型人才，在人才招聘、引进过程中向基础学科人才有所倾斜；另一方面，在气象联合基金、创新发展专项等项目指南设定时，适当引入基础科学研究方向，鼓励气象业务人员在开展业务工作的同时，加强基础科学的研究、练好内功。

（三）处理好"竞争"与"合作"、"吸收引进"与"自主研发"的关系

调研欧盟科技发展道路发现，在竞争中合作、在合作中竞争是全球科技发展的基本态势，要实现这一良好态势，关键是科学运行的体制机制。因此，对欧洲科技一体化建设的体制机制和经验做法值得进一步深入研究，用以强化对先进制度的"吸收引进"，这对发挥好高校和科研院所力量、更好地推进地球系统模式研发将大有帮助。相比之下，对于像数值模式等气象"芯片"，则更要注重"自主研发"。以美国通用地球系统模式（CESM）为例，追溯这一模式研发历史，CESM模式于1983年由美国国家大气研究中心创建，且供全球气候学界免费使用，从气候模式向地球系统模式转型历经20年，与本国多个机构合作研发，并在高校和国家实验室中广泛使用，从而得以在使用中持续和不断地改善。目前国内大多数地球系统模式普遍为引进和改进的状态，改变这一现状还需要广大科研人员持续钻研、走自主研发之路，才能助力实现气象科技自立自强。

关于气象灾害预警响应失灵问题的调研报告[①]

盖程程　闫　琳　郑世林　张铁军　段永亮　曾凡雷　袁晴雪

（中国气象局气象干部培训学院）

一、调研概况

　　气象预警在整个防灾减灾救灾工作链条中发挥着先导性作用。为深入贯彻落实习近平总书记在中央党校建校 90 周年庆祝大会暨 2023 年春季学期开学典礼上的讲话，"加强重大现实问题研究，走出教室'小课堂'，走进社会'大课堂'"。2023 年，气象干部培训学院教师赴河南、甘肃、四川等地就"气象灾害预警服务和临灾叫应机制"开展调研活动。调研团队于 3 月 22—24 日赴河南省一市（郑州）四县（荥阳、新密、巩义、中牟）调研；于 6 月 14—16 日赴甘肃省白银市调研；于 10 月 17—18 日赴四川省彭州市（县级市）调研。通过召开座谈会，访谈相关地市、县气象局领导干部和业务骨干，文件资料查阅等，了解到基层气象部门在气象预警实践工作中的难点、痛点。通过在培训班发放问卷、学员研讨交流，听取了不同培训班学员的反馈意见。本报告在当前"补短板""强弱项""堵漏洞"的制度建设背景之下，通过对调研的案例进行"深描"和相互比较研究，弄清楚气象灾害预警响应失灵"是什么""为什么"和"怎么办"，提升重大气象灾害预警响应水平，最大化发挥气象风险预警价值。有关情况报告如下：

二、预警响应失灵问题分析

　　气象灾害预警响应的预期功能是为即将到来的灾害性天气尽快做出相适应的部署应对。如果不能按照预期尽量减少人员伤亡、降低财产损失或恢复社会秩序，都可视为预警响应失灵。从 2021 年甘肃白银"5·22"马拉松事件、2021

---

　　① ［基金项目］中国气象局气象软科学重点项目"我国气象灾害管理中的'预警响应失灵'原因及治理路径研究"（2023ZDIANXM10）。

年河南郑州"7·20"特大暴雨灾害和 2022 年四川彭州"8·13"龙漕沟山洪案例中可以观察到"预警响应失灵"现象：

（一）甘肃白银"5·22"马拉松事件

2021 年 5 月 22 日,2021 年(第四届)黄河石林山地马拉松百公里越野赛在白银市景泰县黄河石林大景区举行,比赛期间遭遇突发降温、降水、大风的高影响天气,发生公共安全责任事件,造成 21 名参赛选手死亡、8 名参赛选手受伤。针对 21—22 日的大风降温天气过程,国家、省、市、县气象台提前作出预报。21 日 21 时 50 分,白银市气象台发布了大风蓝色预警信号。21 日 16 时 49 分,景泰县气象台向赛事组委会发布气象信息专报,对黄河石林景区天气进行了预报;当日 22 时 16 分景泰县气象台发布大风蓝色预警信号。

本案例中值得关注的问题是,为什么气象部门发出的预警信息没有被赛事的组织者和参与者采纳？要回答这个问题,需要认识到高质量的气象服务应该是根据不同用户的个性化需求量身定制的。在这个案例中,预警发布只描述了天气,要素预报量级比较准确(大风、小雨、降温),但没有将其转化为对赛事组织者和参与者的潜在风险的预警。对赛事组织者和参与者来说,真正需要的是在特定时间段、特定赛段地点的失温(低温症)风险的预报。在现今的中国,这种个性化的服务需求尚不属于地方气象部门的职责服务范围。

因此,准确的天气预报并不意味着悲剧可以避免,冷冰冰的数字无法让人们真实感知到灾害风险的全貌,应该发展灾害预报、影响预报、预警系统以适应不同用户的需求,降低人民群众生命财产损失的风险。以此事件为例,大风预警可以满足多数民众的需求,而马拉松运动员需要的是每小时体感温度的影响预报产品。气象风险预警价值链(图 1),用系统思维去看,只有当整个预警链条的各环节都工作时,才能完成有效的预警。如果信息在传递过程中缺失了关键信息或不畅通,就会落入"死亡之谷",影响最终用户的决策和行动。需要通过跨学科、跨部门合作和技术融合创新来推动各环节间"桥梁"的建立。未来应大力发展灾害和影响预报,提高天气预报的价值。

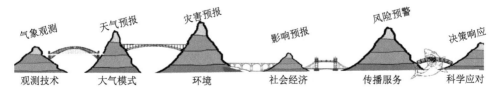

图 1　气象风险预警价值链

（二）河南郑州"7·20"特大暴雨灾害

2021年7月17—23日，河南省遭遇历史罕见特大暴雨，发生严重洪涝灾害，特别是7月20日郑州市遭受重大人员伤亡和财产损失。调查认定，河南郑州"7·20"特大暴雨灾害是一场因极端暴雨导致严重城市内涝、河流洪水、山洪滑坡等多灾并发，造成重大人员伤亡和财产损失的特别重大自然灾害。在暴雨过程期间，河南省气象部门按照职责和有关规定开展了气象监测、预报、预警、服务工作。郑州市气象台在18—22日，共发布市级暴雨预警22条，其中暴雨红色预警9条。暴雨预警时间提前量平均为69分钟，其中暴雨红色预警时间提前量为42分钟。

1. 预警信息自身问题

"在目前科技水平下极端暴雨预报仍是世界性难题"，气象灾害的预警往往受到科技水平发展的制约。单就预报预警信息本身而言，本案例中暴露出暴雨预警形式单一、针对性不强、危险度体现不够。调查报告指出，存在灾害性天气预报与灾害预警混淆问题。现阶段气象灾害的预警，实际上都是基于气象要素阈值的预警，没有考虑承灾体的暴露度和脆弱性，而不同敏感人群和行业对不同种类的灾害性天气表现出不同程度的脆弱性。现有预警信号的阈值标准不适应防灾减灾需求，针对性不强。

2. 预警信息发布问题

在河南郑州"7·20"特大暴雨灾害中，预警信息快速发布和传播能力还有短板，暴雨预警信号难以在短时间内有效覆盖受影响的全部社会公众；媒体宣传报道没有及时跟进。也有预警发布过多过频的现象，降低了警示的作用和效果。气象部门内有国、省、市、县四级发布主体，多级重复发布。在发布的时间间隔上，3小时发一次，预警信号级别有升有降，不适应地方指挥部署需求。还需科学有效兼顾预警信息发布的时间提前量和准确率，防止为了过度追求准确性而延迟发布等问题。此外，除了气象部门，其他部门如水利、自然资源等也都在发山洪灾害、地质灾害风险预警，呈现"部门分割、多头发布"的现象。且各灾种预警发布级别不一，令基层人员和社会公众无所适从。预警"满天飞"，既没有能够引起信息接收者的关注，又降低了决策者的敏感度、信任度。基层实践中，这种"狼来了"的情况极有可能导致信息疲劳、行政系统的麻痹，在重大灾害真的来临时，却没有做好备灾与应对。预警信息需要从"大水漫灌"向"精准滴灌"转变。

3. 预警响应联动问题

"预警是一个系列性行动,而不是一个孤立的信息发布行为。"预警信息发出去,还要动起来。在现实中,我们看到有的地方法治意识和法治观念淡薄,以气象灾害预警信号为先导的气象灾害应急联动机制不健全,相关法规政策执行不到位不坚决,防御不及时。特别是有的部门分灾种、分级别的预警防范应对措施不完善,以预警信号为先导的停工停学停业机制还停留在纸面上,对气象灾害预警的警惕性不高;公众对气象灾害预警的理解和防范意识薄弱。

(三)四川彭州"8·13"龙漕沟山洪灾害

2022年8月13日15时30分,四川省彭州市龙门山镇小鱼洞社区龙槽沟后山突发降雨,沟内水位迅速抬升,突发山洪灾害,造成沟内未及时撤离的戏水人员伤亡。此次突发山洪灾害共造成7人死亡、8人轻伤。8月13日13时,彭州市气象局从雷达上监测到龙门山镇附近有弱回波生成,持续跟踪监测过程中,雷达回波有所加强,经会商研判后,彭州市气象台8月13日14时35分发布短时天气预报,并叫应防汛减灾相关部门和龙门山镇。

本案例中,尽管气象部门果断预警、及时服务,为1.4万人的撤离赢得了宝贵的55分钟,但仍有群众对预警的理解和认识不足,基于经验判断,心存侥幸,对灾害的防范意识不强,没有及时采取有效的避险行动。不少群众仍私自跨越隔离栏下河,无视基层组织者的劝离,其背后反映的是公众的风险感知偏差。

风险既是客观的,又是主观的。风险在向社会传播扩散的过程中可能会发生扭曲,一是风险放大,即风险被社会建构后其程度被放大;二是风险过滤,即低估了风险,认识不到位。风险沟通的任务,就是要校正公众的风险感知偏差,引导公众正确感知风险,采取措施有效防范风险。值得一提的是,信任在风险沟通中发挥着重要作用。这就要求气象部门发布的预警信息要提升针对性,突出危险性,落到"精准"二字上,避免"狼来了"的问题,注重机构声誉。要让公众成为灾害风险的"有知者""有畏者",正确对待风险、主动防范,既需建立政府部门与公众的良性双向风险交流机制,也要提高全民的科学素养水平。

此外,案例中也暴露出气象预警发布渠道仍较为单一、传播力度有限、受众覆盖不够全面,特别是外来游客获取信息不够及时等问题。还应加强短临预报预警信息向影响区域公众快速靶向发布等新技术的应用,更好地发挥预警引导公众主动避险的作用。

三、防范治理气象灾害预警响应失灵的对策建议

面对全球日益增多的极端天气气候事件，强化预警响应是应急管理中必须面对和解决的问题，也是一个顶层设计与基层探索相结合的过程。在现有应急管理体制改革的背景下，高度重视对气象灾害的"危机预控"，必须进一步强化气象防灾减灾第一道防线的作用。气象部门发出预警信息、气象部门与决策部门（或社会公众）的风险沟通、运用预警信息作出决策响应，三者彼此关联，仅一项失效即可导致预警响应失灵（图2）。本文在案例调研的基础上，结合基层实践，提出防范治理气象灾害预警响应失灵的对策建议。

图 2　预警信息流动模型

（一）完善递进式预报预警服务，降低预警信息的不确定性

成功的气象灾害应急响应是一个根据预警信息动态调适的过程，可以采取长、中、短期预报相结合，监测跟踪和预报预警相统一的方式，以时效逐步缩短、空间不断精准、内容更具针对性的递进式预报预警，不断逼近灾害风险的"真实值"，使决策者能够根据不断变化的灾害情景和天气趋势作出正确判断并且不断进行修正完善，用"适应性决策"适应灾害的不确定性。

（二）优化预警信号级别和阈值，完善预报预警业务的考核评估体系，突出对响应策略的支撑作用

优化现阶段基于阈值的灾害性天气预警，建立和完善地域性、行业性强的灾害预警指标，突出预警的针对性。一方面，推进气象灾害风险普查成果应用，结合本地天气气候特点因地制宜。如可以根据本地历史雨强及致灾情况合理减少低等级预警信号设置。另一方面，气象灾害的阈值还与承灾体和孕灾环境密切相关。同样100毫米降水和其落区，前期天气情况、不同的行业背景都会影响灾害后果。这一复杂难题往往要发挥当地预报员的主观丰富经验综合考量，数值预报不能替代天气预报员。此外，改变点对点的评价方式，突出灾害性天气过程的影响时间、影响范围、中心强度预报预警准确度评价，突出预警的有效性评价。

（三）大力发展基于风险的预警和基于影响的预报，提升气象预报预警的响应价值

建立多行业、多部门联合参与的气象灾害风险预报影响阈值学科研究和业务运行机制，推动灾害性天气预报向气象灾害风险预警转变，发展为基于影响的预报预警（impact-based forecast，IBF），基于灾害发生可能带来的影响的警示，而不是灾害本身阈值的数值展示。将灾害信息转化为对特定部门和地点的影响，需要成灾机理与致灾模型的科研攻关，从"天气将是什么"转向"天气将做什么"。

（四）强化风险沟通意识，落实临灾预警"叫应"机制，打破常态化层级结构

在重大灾害性天气将发未发的"窗口期"，直通式报告机制、临灾"叫应"机制，实则为非常态管理下打破层级结构的有益尝试。背后的逻辑是结构性治理，由层级结构向网络结构的演化。各地还需结合地方实际，制修订高级别气象灾害预警叫应流程和标准，明确叫应的灾种、启动条件和叫应人群，更新基层防灾减灾责任人名单等，更好地发挥叫应效能。践行"两个至上"，要强化风险沟通意识。气象部门与涉灾行业主管部门，如交通、应急、水利、农业农村、自然资源等，建立"握手"机制，气象部门提供预警信息后，还得"握个手"，在危害严重性、灾害的影响时间、范围方面做好风险沟通，校正各方的风险感知偏差，为气象灾害危机预控下好"先手棋"。

（五）通过制度化安排，建立健全以预警信息为先导的响应机制

亟须推进气象灾害相关法规规章的修订工作，进一步明确各级政府及相关部门在气象灾害预警信息发布后的应急处置责任和程序。可以利用修订《突发事件应对管理法》、出台《自然灾害防治法》的契机，确立"疑有从有"的预警响应原则。地方在实践中，把气象灾害预警纳入响应启动条件，并结合本地承灾能力合理确定应急响应级别，明确行动措施。推动建立健全基于重大气象灾害高级别预警信息高风险区域、高敏感行业、高危人群的自动停工停业停课机制。充分利用预警之后的"窗口期"，与"死神"赛跑，预先对灾害性天气可能带来的影响进行提前布控，精准调度力量。此外，还需强化预警响应演练，在实践中检验发现问题并不断修订完善。

（六）加强对"关键少数"的专业化培训，做好有效预警响应的意识与能力准备

作为承担气象防灾减灾政策落地重任的"关键少数"，地方党政领导干部是气象灾害应对与处置能否成功的重要因素，应重视加强相关培训工作。提升政策水平，帮助其更加准确地理解中央精神、政策要求，增强执行政策的意识与水平，提高防范化解气象灾害风险宏伟蓝图的"施工质量"。强化底线思维和极限思维，帮助其认识到无论技术如何发展，预警始终面临不确定性问题，用应急准备的确定性对冲灾害风险的不确定性，理解中央强调"宁可十防九空，不能失防万一""宁听骂声，不听哭声"的本质。提高执行能力，特别是"不确定"场景下的预警响应决策和执行能力，"非常规"灾害面前解决重点难点问题的能力，最终能够将气象灾害预警信息转化为防灾减灾的实际行动。

关于建设覆盖全球主要航线的海洋气象观测系统的调研报告

高润祥　于　敏　沈立峰　谭鉴荣　侯　威　孙兆滨

（中国气象局综合观测司）

为深入贯彻党的二十大精神,聚焦贯彻落实习近平总书记关于气象工作的重要指示精神,发展自主可控远洋气象导航观测,落实《自主可控远洋气象导航工作方案》,将学习贯彻习近平新时代中国特色社会主义思想主题教育走深走实,按照《2023年中国气象局党组远洋气象导航重大调研工作方案》的要求,综合观测司组织开展"关于建设覆盖全球主要航线的海洋气象观测系统问题"的调查研究,面向相关部委、企事业单位和相关部门,通过实地调研、现场座谈等方式开展调查研究,掌握了海洋气象观测的发展现状,分析了存在的问题,提出了发展覆盖全球主要航线的海洋气象观测的对策和建议。

一、调研基本情况

综合观测司高度重视此项调研工作,成立了由分管副司长牵头,站网管理处具体负责,气象探测中心、国家气象中心、国家气象信息中心、国家气象卫星中心等单位参加的专题调研组,从4月份开始,根据主题教育的安排和要求,全力推进远洋气象导航的专题调研工作。

4月初,综合观测司会同计划财务司、国家海洋技术中心组成调研组赴广东省气象部门、自然资源部门开展了包括远洋气象导航在内的海洋气象发展专题调研。

4月下旬,国家发展和改革委员会组织中国气象局和自然资源部组成联合调研组赴海南省开展海洋气象发展专项调研,实地了解海南省海洋气象业务发展现状、远洋气象导航等需求。

6月中旬,综合观测司通过视频方式,调研了中国船级社天津分社,重点了解了远洋船舶自动站建设和认证的相关流程及注意事项。

6月中下旬，综合观测司组织相关人员多次赴国家气象中心、国家气象信息中心、北京全球气象导航公司开展实地调研，了解远洋气象导航服务现状、远洋导航气象观测数据获取和数据共享情况，听取一线业务技术专家和管理人员的意见建议。

6月27日，综合观测司组织相关人员赴农业农村部渔业渔政管理局进行座谈调研，渔业渔政管理局领导携远洋处、安全处、船港处、科技处和远洋渔业协会负责人及专家参加了座谈交流，双方充分讨论了远洋气象导航气象观测需求、近海和远海渔船搭载气象观测设备的可行性等相关问题。

7月12日，综合观测司会同预报与网络司天气处、政策法规司社会管理与执法监督处和标准化处，与中国船级社科技和信息处、船用产品业务处，就船载气象观测设备认证的相关内容进行了座谈调研。

二、发展现状

（一）国际海洋气象观测的基本现状

目前国际上海洋气象观测系统主要包括沿海观测站、沿岸潮位高度观测仪、锚定浮标、漂流浮标、海洋潜标长序列观测阵列、海上平台观测、志愿船观测、无人艇等。自2000年以来全球海洋ARGO浮标超过13600个，参与国家超过21个，全球漂流浮标约1500个。截至2022年底，在oceanPOS注册的志愿观测船舶约4700艘，其中有2885艘船舶向世界气象组织全球通信系统（GTS）提供实时观测数据，较2020年增加了5％。截至2022年，全球开展船载自动探空观测的船舶21艘，其中欧盟18艘、日本2艘、德国1艘。

海洋气象观测要素主要包括气温、气压、露点温度、相对湿度、风、能见度和天气现象要素，以及海表温度、次表层海温、洋流、波浪、海水盐度、海水叶绿素浓度、太阳辐射等海洋观测要素等近20种。

（二）我国海洋气象观测的基本现状

目前，我国开展海洋气象观测的部门主要有中国气象局、自然资源部、交通运输部、农业农村部、生态环境部等。其中，中国气象局建设有浮标站41个、海上平台站72个、海岛站409个；交通运输部在部分商船上搭载气象观测设施；自然资源部建设有海洋站、浮标站、船载气象观测；农业农村部在部分大型渔船上搭载气象观测设施；生态环境部建设有浮标站。除船载站，其他海洋气象观测主要分布在我国近海 100 海里(1 海里＝1.852 千米)内及南海海域。海洋气象综合保障工程的建设指标为海基观测平均站距分别达到 50 千米和 150 千米,近海海域自动气象观测站站间距小于 100 千米。全球主要远洋航线上的观测几乎为空白。

(三)我国船舶自动气象观测的基本现状

目前,我国海洋活动民用船舶主要分为运输商船和捕捞渔船两大类,海事部门负责运输商船管理,渔业渔政部门负责捕捞渔船管理。

我国海洋运输商船有 4 万多艘,其中远洋运输船舶约 1 万艘。风速风向观测仪、湿度计基本在所有船上都有配备,常规情况下属于非持证产品,但若用于动力定位或智能航行,则需要型式认可证书;气温观测仪、气压计、能见度传感器属于非强制性配备设备,不强制要求持证,船舶实际配备非常有限。

我国近海捕捞渔船 11 万多艘,主要活动在我国近海海域,很少配备气象观测仪器。远洋捕捞渔船约 2500 艘,其中在公海作业的少量渔船会配备风、浪、流、水温、盐度、叶绿素等观测仪器,主要供船舶航行安全和预测鱼群分布区域参考。捕捞渔船在空间设计上主要考虑渔具和鲜鱼的存放,驾驶舱开放式设计而且空间狭小,布满各部门强制配置的监控仪器设备。另外,绝大多数渔船每年都有较长时间的休渔期。

商船和渔船的船舶自动气象观测仪器的安装均须通过授权船旗国或者地区船级社的认证。

(四)全球导航业务对气象观测数据的需求

远洋气象导航重点关注全球主要航线、全球主要港口、北极、马六甲海峡、苏伊士运河、巴拿马运河等重要通道以及重点海域、战略支点(瓜达尔港、吉布提港等)等区域。

重点关注的观测要素分 3 类,一是近海面观测要素,主要包括大气常规要素、能见度和浪、涌、流、海温、潮汐等。二是卫星监测数据,主要包括高时间分辨率的全球卫星拼图以及卫星反演数据,包括风场、海雾、浪高、海面高度、海温、海冰等。三是雷达监测数据,主要包括全球天气雷达、地波雷达和闪电定位等数据。

(五)中国气象局能共享到的海洋气象观测数据

目前,中国气象局开展气象导航业务使用的观测数据主要包括 GTS 共享数据、气象部门自建及国内共享数据、卫星观测资料3部分。

GTS共享数据来于全球共享交换的8000余个海洋观测平台,包括浮标、船舶、平台等,观测要素主要包括风向、风速、气温、气压、海面温度等。

气象部门自建及国内共享数据主要包括自建的海洋气象观测数据及国家海洋局共享的数据,其中国家海洋局共享了海洋站148个、浮标站30个、船载站34个。另外,北京全球气象导航公司还可以获取其服务的约200艘船舶每日中午回传的气象观测数据。

卫星观测资料主要包括风云系列卫星产品、美国GOES和欧洲MeteoSat静止卫星产品,风云卫星产品主要包括海雾、海面风、热带气旋自动定强、北极海冰监测产品等。

三、存在的问题

(一)我国全球主要航线海洋气象观测存在大量空白

目前中国气象局海洋气象观测站严重不足,浮标、浮台、海岛、海上平台等观测站数量少、间距大,且都在我国近海100海里内,中远海海洋气象观测存在大量观测空白。中国气象局在海洋工程中虽然安排了建设项目,但主要位于近海,且数量依然不足,在远海仅2023年安排了100艘船载自动站和3个海外站建设。因此,无论空间分布的连续性,还是时间的同步性都达不到全球观测的发展要求。

(二)船舶自动气象观测设备搭载存在的问题

目前,搭载自动站并实时回传数据的远洋船舶主要受到以美国为首的西方发达国家阻挠,以安全为由扣留船只或阻止进入港口,因此远洋船舶船长普遍拒绝安装带有通信装置的自动气象站。民用船舶尤其是渔船船上空间狭小,对气象观测设备的大小、型式、气象自动观测站集成程度提出了较高的要求。目前具备许可的观测设备在集成度、体积大小等方面还没有很好地符合船上实际条件,且我国船舶气象观测设备尚未被列为船舶安全设备,未被列入船级社船载配置清单。

(三)海洋气象观测共建共享不充分

我国现有船舶人工气象观测数据质量不高,参与全球志愿观测船计划

(VOS)的共享数据有限,全球3000多个ARGO浮标观测中我国仅有100多个,全球海洋漂流观测中仅有6个,在国际海洋气象观测领域影响力不足。国内各部门间海洋气象观测数据共享不足,不能充分发挥我国海洋观测的效益。

（四）全球气象数据传输自主可控能力不足

气象卫星数据、远洋气象观测数据和全球气象导航服务信息在传输链路上高度依赖欧美商业公司,存在较大安全隐患和断供风险。我国目前6颗静止风云气象卫星在轨业务运行,其中5颗卫星超设计寿命运行,无法维持我国已有的7个静止轨位的频率和轨道资源,存在频率和轨位缺失风险,且需要实现高低轨风云卫星星间传输保障全球数据完整高效获取。北斗卫星目前在远洋实时通信中应用不足。

四、对策建议

（一）建立自主可控的全球海洋气象综合观测系统

海洋气象观测是远洋气象导航的基础。建议在接下来的海洋规划修编中加强远海航线气象观测能力建设。而且,要进一步提升卫星对海洋气象的监测能力,加强卫星相关载荷的研制,强化气象卫星全球洋面产品的验证与应用。同时,提高海上探空观测能力,发展船载自动探空观测和无人艇探测。加强自主可控的远洋气象观测通信能力建设,充分利用风云卫星的通信能力。形成我国自主的海基、空基、天基智能协同的远洋气象立体综合观测系统。

（二）突破船舶自动气象观测设备搭载的瓶颈

商船和渔船由于数量多、分布广,船载自动站可以从"点、线、面"上批量解决海洋观测资料不足问题,是海面观测的重要发展方向。建议中国气象局联合交通运输部、自然资源部在海洋船舶管理上完善气象观测仪器配备机制,推动船级社的认证,优先在友好国家固定航线船舶建设自动站,逐步向全球航线拓展。同时,提高船舶自动气象观测站的集成度,积极与WMO接轨,加强相关标准规范建设。

（三）高位推动海洋气象观测工作的共建共享

海上站建设成本高、难度大,多部门各自为战的情况不符合高质量发展要求。建议国务院出台文件,统筹海洋观测工作的部际间共建共享,推动各涉海部门采用"拼图"方式完成海上观测系统建设,充分发挥浮标、船舶等海上观测平台效益。同时,强化海洋气象观测技术标准规范建设,形成海洋气象观测统一规划、统一标准和共建共享的格局。积极参与全球海洋观测计划,提高在国际海洋气象观测领域的影响力和话语权,提升覆盖全球主要航线的海洋气象观测数据获取能力。

（四）加快提升自主可控的全球卫星通信能力

建议国家强化国产卫星全球通信覆盖能力,加快国产通信小卫星星座建设,发展卫星互联网,推动在友好国家共建卫星中继传输和接收站,实时获取远海浮标、远洋船舶等海洋气象观测数据,实现导航产品快速提供。发展风云气象静止和极轨卫星间的数据传输能力,减少对国外地面卫星站的依赖,加强北斗三号系统在全球气象观测数据的传输和远洋气象导航中的应用。

天津市气象高质量发展补短板强弱项举措机制研究调研报告

关福来　魏延涛　赵玉洁　孙治贵　张志强　余文韬　胡　潮

（天津市气象局）

为深入贯彻党的二十大精神和习近平总书记关于气象工作重要指示精神，以推动天津气象高质量发展为目标，重点聚焦气象高质量发展和大城市气象高质量发展评价指标，深入践行"千万工程"和"浦江经验"，坚持问题导向，结合《全国气象高质量发展评估报告》中天津高质量评分差距短板，调研分析天津市气象高质量发展的现状、问题，特别是在气象发展保障水平、气象服务水平和科学技术创新能力方面的短板弱项，有针对性地提出推动改进措施，解决天津气象高质量发展中的堵点、难点等问题，推动天津气象高质量发展。

一、调研组织开展情况

党组主要负责同志亲自主持制定调研方案，围绕天津气象高质量发展中最突出的难点问题，结合各部门实际，针对性地制定调研内容，明确调研主题、调研方式、时间安排、参与部门、预期目标等。采取问卷收集、走访参观、实地察看、座谈交流等方式，深入基层与发达省份，开展深入交流，认真分析天津市气象高质量发展短板弱项，找准差距，提出解决问题的具体措施。

（一）问题导向，开展高质量发展短板弱项调研

2023年4月23—28日，对标《2022年全国气象高质量发展评估报告》中4类一级指标和24项二级指标，采取座谈、问卷等方式，重点围绕天津市气象局气象高质量发展差距开展解剖式调研，调研各事业单位和区气象局高质量发展短板弱项，系统梳理综合观测、预报预测、信息支撑、气象服务、科技创新、人才队伍、经费投入、法治建设9方面短板和问题。

（二）对标先进，聚焦高质量发展关键环节专项调研

结合梳理的短板弱项，深入发达省（市）气象局和高校调研高质量发展先进经验。2023年5—6月，局领导带队，先后赴中国气象局、江苏省气象局、上海市气象局、雄安新区气象局以及南京信息工程大学等单位，聚焦提升天津气象高质量发展全局的战略性决策开展调研。针对气象科技创新能力、气象高层次人才等短板弱项，调研学习先进经验、借鉴先进做法，加强局校合作，把解决实际问题作为打开推进天津气象高质量发展的突破口。

（三）深入基层，剖析区级气象高质量发展难点堵点

党组成员带队实地调查研究区级气象高质量发展关键问题。2023年4月28日至5月20日，结合汛期检查，深入10个区气象局实地调研区气象局高质量发展情况和具体问题。依据中国气象局印发的《各省（区、市）气象高质量发展指标评估方法（试行）》，组织拟定天津市区级气象局高质量评估指标。以区级气象高质量发展指标为"指挥棒"，分析区级气象高质量发展的短板弱项，推进区局气象高质量各项能力提升。

（四）专项推动，确保调研成果转化为高质量发展成效

依据调研情况，2023年6月6日，召开天津市气象局气象高质量发展建设领导小组会，党组成员以及高质量领导小组成员单位主要负责人参加会议，围绕推动天津气象高质量发展进行专项研讨，进一步明确目标任务、责任单位和时间节点。2023年6月13日，召开市、区两级气象高质量发展推进会，进一步细化部署落实工作举措，加快推进天津气象高质量发展。

二、天津气象高质量发展短板弱项

依据中国气象局印发的《各省（区、市）气象高质量发展指标评估方法（试行）》和《天津市气象高质量发展指标体系及评价管理办法（试行）》，针对天津市气象高质量发展的短板弱项，梳理形成《天津市气象局2022年气象高质量发展评估指标分析与改进计划》，在气象高质量评估24项具体指标中，天津市气象局虽有12项指标位居全国前10（6项指标位居全国前3），但仍有8项指标位居全国后10（3项指标位居全国后3）。主要差距表现在如下几个方面。

（一）综合观测方面

一是地面气象观测站网需要继续完善，天气观测站观测要素不足，自动气象站网布局上还有欠缺。二是卫星应用水平有待提高，卫星遥感在服务地方生态监测、气候变化和气象防灾减灾中的深度应用能力不足。三是雷达大气低层探测能力存在不足，在低层区域仍存在覆盖盲区，尚未构建 X 波段雷达观测体系。四是运行保障能力需要加强，市、区两级新型观测设备保障能力不足，装备保障协作能力不足，设备故障修复效率需要提升。

（二）预报预测方面

一是网格预报分辨率需要继续提升，0～2 小时网格预报业务产品时间分辨率有待进一步提升。二是快速预报精细化水平有待加强，快速预报的时空分辨率不足，预报要素种类不够丰富。三是灾害预警"早"与"准"能力有待提升，灾害天气智能分类判识技术水平不足，预警准确率需进一步提升，分类强对流概率预报与专家经验融合技术能力不足，预警提前量有待加强。

（三）信息支撑方面

一是观测数据的收集管理能力不足，针对国家级数据相关管理制度，天津配套实施细则未实现全覆盖。二是高价值产品研发与应用能力不足，国家级高质量数据产品在市、区两级应用不足，市级高价值产品的研发能力不足。三是信息网络基础需要加强，推进业务系统云化改造和云原生开发有待进一步提升。

（四）气象服务方面

一是预警信息发布能力需要持续提升，微博、微信服务产品形式有待进一步丰富。二是气象科学知识普及率有待提升，对气象防灾减灾、气候与气候变化知识的宣传力度不足。三是生态服务存在短板，气候可行性论证项目数量和经济效益距离目标值差距较大，省级农产品气候品质评估服务种类不足。四是全市人均减灾服务效益不足，未针对暴雨、大风等灾害性天气的风险预估业务形成定制化服务产品。

（五）科技创新与人才队伍方面

一是研发投入有待加强，省部级及以上创新平台和省部级及以上创新团队数量较少，科研院所人数较其他省份差距较大。二是创新人才数量仍需提高，高层次人才队伍总量和增量相对较少,特别是入选中国气象局十百千人才较少,且存量小。三是队伍素质需要持续加强,区气象局正高工数量严重不足。

(六)经费投入与法治建设方面

一是人均公共财政投入较低,区气象局争取地方财政资金不足。二是气象法制建设需要加强,新出台地方性法规、政府规章和规范性文件难度较大,国家标准与行业标准总量远低于各省平均水平。

三、对策和建议

针对梳理出的问题和短板,结合先进省份调研经验形成对策和建议。

(一)聚焦监测精密,完善综合智能协同观测系统

贯彻落实《综合气象观测业务发展"十四五"规划》,聚焦重点监测区域,优化地面观测站网,提高大气垂直观测能力,提升雷达气象业务水平和风云卫星应用能力。加强综合气象观测顶层设计,出台《综合气象观测行动计划(2023—2025年)》;完善观测业务全流程管理,健全统一规划、统筹建设、设备列装、业务准入、产品评估的全链条业务管理机制,加强观测质量管理体系与业务融合。优化气象观测站网布局,加快推进地基遥感垂直观测系统建设和产品应用;在山洪泥石流高发区新建雨量站,增强灾害性天气监测能力;开展岸基气象观测系统建设,推进国家级海洋气象保障基地建设,提高海洋气象观测能力。推进雷达气象业务发展,持续推进雷达研试中心业务能力建设,滨海新区双偏振天气雷达实现业务运行,推动 X 波段天气雷达布网建设。强化卫星综合应用水平,推进风云卫星流域气象监测预报产品研发及应用,提高卫星业务产品应用能力。完善农业气象、生态气象等专业观测站网,建设城市大气边界层综合观测、城市生态气象及环境观测系统。提升维护保障能力和计量技术水平,探索新型装备运行保障方式,加强国家级台站观测和装备保障能力,形成国市区之间互补与良性互动机制,提高保障技术水平;加强行业和社会气象观测管理,探索建立新型微型智能观测设备使用规范。

(二)聚焦预报精准,加快构建新型预报业务体系

聚焦"四大支柱"对精准预报的有效支撑,建立健全气象业务主动、互动、联动工作机制,发挥预报精准在基础业务中的"龙头作用"。推进业务技术体制改

革,落实推进市级气象业务横向优化整合、市区两级业务纵向集约调整,完善左右贯通、上下联通的气象业务流程;建立健全气象业务主动、互动、联动工作机制,积极争取国家级业务单位的支持,强化对区级业务的指导支撑,完善复盘总结机制。强化预报预测能力提升,完善无缝隙智能预报业务,加强预报、预测质量检验;开展雷雨(暴)大风、冰雹等强对流天气客观预报技术研发,发展网格化强对流概率预报;研究基于地形的百米级偏差订正技术、时空降尺度技术,进一步扩展预报要素,将预报产品的空间分辨率由 1 千米提高到百米级,时间分辨率由 1 小时提高到 10 分钟。提升流域气象保障能力,全力落实流域中心调整优化工作,强化流域气象业务组织、技术创新、部门合作;丰富流域实况面雨量产品,发展基于气象—水文单、双向耦合的结构分布式水文模型,建立海河流域季尺度气候预测业务系统;完善流域共享平台,细化小流域分区,深化小流域气象保障责任制。完善海洋气象预报业务,构建渤海不同海域的分级阵风因子模型,丰富海上阵风精细化预报产品;开展基于人工智能技术的能见度精细化格点预报技术研发。

(三)坚持融入赋能,提高气象综合服务支撑能力

筑牢气象防灾减灾第一道防线,强化重点行业气象保障融入式发展,推进气象服务数字化智能化。加强气象防灾减灾能力建设,组织制定天津市新一代突发事件预警信息发布运行规则,健全信息发布工作机制,确保系统平台横向到边和纵向到底落地见效;健全"31631"递进式气象服务工作机制,规范高级别气象灾害预警"叫应"流程和标准,建立叫应、联动情况上报制度。提升粮食安全气象保障能力,联合天津市农业农村委员会共同推动落实天津市气象为农服务提质增效行动;推进都市农业气象服务中心建设,持续打造"丰聆"服务品牌。深入开展"气象+"赋能行动,提升保障经济社会高质量发展能力,联合公安、交通运输等部门持续开展恶劣天气高影响路段优化提升工作并联合发布恶劣天气交通安全风险提示产品;强化能源保供、供热气象服务,开展面向密集输电通道的气象保障,完善与供热管理部门弹性供热沟通会商服务机制。推进气象服务数字化智能化,持续推进超融合自然灾害风险分级智能预警应用平台建设,推进气象数字化产品融入城市精细化治理平台;面向人民美好生活需要,开展个性化、定制化的高品质生活气象服务。推动人工影响天气高质量发展,制定并实施天津市人工影响天气"播雨"减灾行动计划,推动人工影响天气科学试验基地建设;持续推进人工影响天气安全监管能力提升,加强物联网、人工影响天气综合信息业务系统应用,实现人工影响天气装备和弹药全链条动态监管。

（四）强化信息支撑，加快推进智慧气象能力建设

夯实基础支撑能力，加强信息基础设施和数据资源建设，推进高质量数据产品研制和应用，加强气象数据安全管理与开放共享。推进高价值数据产品研发，研发海河流域实况分析产品，研发天津局地百米实况分析产品，研制海雾、海冰密集度、能见度等海洋实况融合数据产品；推动高价值产品应用与业务准入，促进实况分析产品在预警、决策和应急服务业务中的应用，实现高质量气象数据产品通过中国气象局业务准入。加强信息基础设施建设，依托国产化设备完成天津气象大数据云平台系统部署，提升自主可控算力规模，持续推动业务系统集约整合和"云化"改造；建设天津云平台中试仿真环境，推进气象综合业务实时监控系统升级和本地化应用。完善气象数据安全分级和数据分类制度，建立气象数据分类分级管理和目录更新机制，基于气象大数据云平台实现气象数据分类分级管理；基于气象数据对外服务监管平台实现对外气象数据服务信息的实时管理。

（五）持续聚智聚力，加强气象科技创新和人才支撑

面向世界科技发展前沿，围绕业务发展需求，完善创新机制，加强人才支撑，集约和统筹科技资源，进一步提升科技对业务的贡献率。加大科研项目"揭榜挂帅"实施规模和力度，聚焦业务发展需求的目标导向型应用研究，以业务需求牵引，激发创新主体活力。建立海河流域科技协同机制，设立海河流域区域科研基金，组建海河流域暴雨水文气象创新团队。完善科技评价机制，落实《中国气象局关于深化科研立项评审、科技成果评价、科研机构平台与人才团队评估改革的实施意见》（气发〔2023〕31号）相关要求，不断健全完善以业务需求为导向的科研立项评审机制、以业务转化为导向的科技成果评价机制、以业务贡献为导向的科研机构平台与人才团队评估机制。完善人才管理机制，制定印发天津市气象人才中长期规划或计划，制定贯彻落实《中国气象局党组关于加强和改进新时代气象人才工作的实施意见》的具体措施，完善《新时代天津气象高层次科技创新人才计划实施办法》，推动各项任务落地见效。加强法治建设，积极推进地方立法，争取气候资源保护和开发利用立法纳入规划，围绕气象社会管理加大行政规范性文件的制定力度。

（六）坚持目标导向，促进调研成果转化为发展实效

推进天津气象各项高质量指标提升，重点加强各单位对于调研成果的应用

工作。一是要针对评估结果中剖析出的问题进行深层次的挖掘,进一步细化工作举措,各单位要建立气象高质量"短板"台账,明确"路线图"和"进度表",提升高质量指标在全国排位。二是要进一步统筹气象高质量建设,结合评估报告中提出的对策和建议,坚持固根基、扬优势、补短板、强弱项,加快推进雷达研试基地、国家海洋气象二期工程、智慧气象工程、生态文明气象保障工程等重大工程建设,充分发挥项目资金效益。三是固化评估指标,科学设置区级气象高质量发展指标,形成《天津市区级气象高质量发展指标评估方法》,实现对全市气象高质量发展水平的综合评价,科学反映全市气象部门气象高质量发展的综合水平。四是总结经验做法,凝练亮点成果,做好气象现代化建设重大进展和省级创新实践工作典型选树及宣传推广。五是主动与中国气象局高质量发展办沟通对接,争创中国气象局高质量发展专项试点,加快推进天津气象高质量发展。通过以上措施,争取年内天津高质量各项指标能力显著提升。

气象商品交易可行性调研专题报告

雷小途

（上海市气象局）

一、调研背景

在新中国气象事业 70 周年之际，习近平总书记作出重要指示，强调气象工作关系生命安全、生产发展、生活富裕、生态良好，做好气象工作意义重大、责任重大，要求推动气象事业高质量发展。

气象产业发展是气象高质量发展的重要组成，产业发展空间巨大，包括气象信息服务、气象装备、气象工程技术在内的多种产业类型，都具有蓬勃的发展态势和潜力。新发展格局下，加强气象产业发展政策调研和市场实践，激活高价值气象数据要素潜能，增加优质气象产品和服务供给，是提高气象服务国家、服务人民质量效益，促进经济社会发展，保障人民群众安全福祉的客观要求和有力手段。《气象高质量发展纲要（2022—2035 年）》（简称《纲要》）中提出，"健全相关制度政策，促进和规范气象产业有序发展，激发气象市场主体活力"。中国气象局亦于 2022 年 6 月印发了《关于促进气象产业健康持续发展的若干意见》，目标用 5～10 年时间，基本形成结构优化、布局合理、特色鲜明、竞争有序的气象产业发展格局，基本建立制度体系完备、市场主体有活力、监管规范有效、支撑保障有力的气象产业体系，进一步扩大产业规模、质量和效益。

2021 年，中共中央、国务院印发《关于支持浦东新区高水平改革开放打造社会主义现代化建设引领区的意见》，为支持浦东新区高水平改革开放、打造社会主义现代化建设引领区指明了战略方向，也为上海气象部门借力地缘优势、开拓创新、探路破局，发掘气象在经济生产和社会生活中的价值效用提供了良好的政策平台。

为深入贯彻落实习近平总书记关于气象工作重要指示精神，落实《纲要》和《中共中国气象局党组关于支持上海气象率先高质量发展保障浦东新区打造社会主义现代化建设引领区的实施意见》,上海气象部门依托引领区政策和制度优势在发挥示范引领作用、发掘气象商品高价值、打造产业发展样板方面率先开展探索实践,组织开展气象商品交易政策、法规、案例调研研究,提出国际气象商品交易平台构建思路,以实际行动促进气象事业高质量发展。

二、调研的主要做法和内容

(一)调研目标

通过法律法规政策梳理、实地调研等,促成气象商品交易实践,提出完善气象商品交易可行性建议,探索建立气象商品交易平台及相应规则、流程等的实现途径。

(二)主要做法

1. 建立工作机制

成立局领导牵头,政策法规处主办,办公室、应急与减灾处、观测与预报处、计划财务处、浦东新区气象局等参加的调研专班,围绕调研主题,拟定调研方案,安排调研工作计划,明确任务分工和调研内容。

2. 多形式开展调研

围绕气象商品交易核心,专班人员先后调研上海技术交易所、上海数据交易所、贵州省气象局、贵阳大数据交易所,参加第九届中国(上海)国际技术进出口交易会等。调研过程中明确以下重点问题:一是厘清气象产品和气象商品及其类别等概念;二是了解国内目前主要数据和技术交易平台的运行规则、交易的相关政策法规,并就其对气象商品交易的适用性进行分析;三是探讨气象商品交易中可能存在的问题,并提出初步的解决方案建议。

3. 推进及试点实践

2023年8月3日,上海市气象局和上海技术交易所签订了战略合作框架协议,正式对接战略合作,推动局属企业作为气象商品交易的中介机构入驻进场,试水气象科普技术服务类商品上架,随后成交了一单气象科普产品,为调研工作积累实践经验。同时,局观测与预报处牵头对接上海数据交易所,起草了与数据交易所的战略合作协议,向中国气象局报送了气象数据交易试点方案,共同探索气象数据开放和高效应用。

（三）调研对象

1. 上海技术交易所

上海技术交易所（全称"上海技术交易所有限公司"）成立于1993年，是由科技部和上海市人民政府共同组建的我国首家国家级常设技术市场、国家级技术转移示范机构。2019年12月31日，清理整顿各类交易场所部际联席会议复函上海市政府，同意上海技术交易所联席会议备案。2020年10月28日，上海技术交易所正式开市，打造核心交易体系，依法组织技术成果及技术交易服务，并提供一站式交易结算与交易鉴证服务。截至2023年8月底，上海技术交易所累计进场产品8498项，累计成交金额197.36亿元，其中2023年累计成交金额为61.57亿元。

2. 贵阳大数据交易所

贵州省气象局在贵阳大数据交易所创设了全国首个气象行业数据流通交易专区，授权气象局下属新气象科技公司为一级气象数商，将全省除了为省委省政府、应急管理局防灾减灾决策服务以外的所有气象数据、气象服务等气象商品都在交易所上场交易。从2022年以来，成交额3000余万元。贵州省气象局在省政府的支持下，和普华永道共同开展了气象数据估值研究，发布了《气象数据估值系列白皮书》，对气象商品的价值进行了专业化评估和有力宣传。

3. 上海数据交易所

上海数据交易所是由上海市人民政府指导组建的准公共服务机构。2021年11月25日，上海数据交易所揭牌营运，2023年1月3日转入正式营运。上海数据交易所以构建数据要素市场、推进数据资产化进程为使命，承担数据要素流通制度和规范探索创新、数据要素流通基础设施服务、数据产品登记和数据产品交易等职能，体现规范确权、统一登记、集中清算、灵活交付"四个特征"，打造高效便捷、合规安全的数据要素流通与交易体系，引领并培育发展"数商"新业态。截至目前，上海数据交易所签约数商企业超过500家，对接数商企业超过800家。2022年数据产品累计挂牌数超过800个，涉及金融、交通、工业、通信等12个行业领域，数据产品交易额超过1亿元。

三、调研问题的解决思路和建议

（一）政策法规依据

《中共中央国务院关于构建更加完善的要素市场化配置体制机制的意见》（中发〔2020〕9号）将技术要素、数据要素作为和土地、资本等要素并列的两大要素。该意见还要求，"深化科技成果使用权、处置权和收益权改革，开展赋予科研人员职务科技成果所有权或长期使用权试点。""研究建立促进企业登记、交通运输、气象等公共数据开放和数据资源有效流动的制度规范。""培育数字经济新产业、新业态和新模式。"

中共中央办公厅、国务院办公厅印发《建设高标准市场体系行动方案》，要求发展知识、技术和数据要素市场。支持中国技术交易所、上海技术交易所、深圳证券交易所等机构建设国家知识产权和科技成果产权交易机构，在全国范围内开展知识产权转让、许可等运营服务，加快推进技术交易服务发展。

中国气象局《关于促进气象产业健康持续发展的若干意见》中对气象产业的重点领域作了三部分界定：一是气象信息服务产业，主要包括信息传播、专业服务、气候资源开发利用、气象科普文创等；二是气象装备产业，主要包括气象探测装备，气象灾害防御装备，气象信息网络装备，气象科学试验装备的研发、制造和运维服务；三是气象工程技术产业，主要包括气象软件研发和平台集成、气象适用工程技术服务、防雷减灾服务等。本次调研中所指的"气象商品"包括气象产业相关的技术、数据、发明专利等，载体形式包括软件系统、气象服务产品、科普文创产品等。

《中华人民共和国气象法》第三条规定，"气象台站在确保公益性气象无偿服务的前提下，可以依法开展气象有偿服务"，促进气象科技向现实生产力转化。《气象资料共享管理办法》《气象信息服务管理办法》等部门规章中也对气象数据的利用开发、信息产业的发展作出了相应规定，这些共同构成了气象商品类技术、数据开发利用、开发气象产业高价值产品的制度基础。

《上海市数据条例》第三条要求："本市坚持促进发展和监管规范并举，统筹推进数据权益保护、数据流通利用、数据安全管理，完善支持数字经济发展的体制机制，充分发挥数据在实现治理体系和治理能力现代化、推动经济社会发展中的作用。"上海技术交易所和上海数据交易所都是中国证监会备案的正式交易场所，有完善的确权确价机制和交易规程。两个交易所出具的交易凭证可以作为技术使用的依据,《上海市技术交易场所管理细则》规定,交易所出具的交易凭证享受技术合同登记的作用。气象商品进场交易,交易程序的完整性可以保障结果的合规。上海技术交易所国际交易中心已于2023年3月揭牌成立,立足临港、香港"两港"联动,以资本互联互通为纽带,围绕"引进来""走出去"和跨境结算,致力于构建跨境技术贸易生态,推动海内外科技成果产业化,旨在打造全球资本与全球科技创新策源的战略枢纽。气象商品的跨境交易可以依托该交易中心,建立国际气象产品交易流程和标准,把保密的气象产品和涉及国家安全的气象产品纳入负面清单,并解决国际技术转让的问题和资金外汇结算,促进气象产品"走出去""引进来"。

(二)气象商品交易面临的困难及问题

1. 气象商品市场化程度不高

长期以来,气象业务服务工作主要以防灾减灾为出发点,为政府和社会公众提供基本公共服务,气象产业、气象类商品并未充分进入市场,没有运用市场流通交易机制调动更多社会资源增加高质、高效的服务产品供给,与经济社会发展和人民生产生活的多元、个性化的高需求并不匹配。

2. 气象商品确权、确价存在难点

由于市场化程度不高,没有专业评估机构、多元交易主体介入参与,气象商品存在价值评估没有标准、不成体系的现状。例如,气象部门长期以来面向用户开展的专业气象服务均为线下点对点实施,服务内容和议价流程受限于具体业务对接人员,并无统一定价标准。在行政事业性收费取消后,气象商品交易,尤其是数据交易更是存在交易价格差异巨大、交付方式多样等情况,影响了气象商品的价值定位和市场形象。且长期以来,气象科技成果绝大部分属于气象部门下属各事业单位的职务科技成果,虽然国家这几年在大力推进职务科技成果的转移转化,让科技成果发挥效益,促进科技进步、经济发展,但职务科技成果的确权和确价依然是难题,且转化过程中需要严格遵守国有资产监督管理、保值增值的各项要求,转移转化的体系化、流程化仍需推进。

3. 气象商品交易制度体系尚不健全

一是气象部门数据管理的整体制度仍在初级阶段,数据分类分级、安全管理、开放及限制都仍局限于部门本位,没有就气象数据利用建立完整的政策制度框架体系,与数据领域的国家大法衔接应用也尚待推进,规则不确定性较大。二是气象商品交易的制度要求基本空白。气象商品涉及数据、算法、软件、技术、服务等多种市场要素,对应数据交易、技术转让、知识产权保护等不同行业领域的政策法规管理要求,需要按照上位法律要求,构建分门类、分权益、分层级的交易制度体系,促进气象商品要素市场化配置,完善收益分配机制,实现价值开发。三是对气象商品的跨境交易仍有不确定性。气象领域的科技成果、数据技术具备国家安全和市场化应用双重属性,与气象服务活动日趋国际化、一体化的行业形势不完全对应。气象商品跨境交易的政策法规有缺失,造成气象商品跨境交易难、交易量少,也影响了基于国际合作的全球气象业务服务发展以及我国气象部门对"一带一路"不发达国家的技术援助。

4. 气象商品交易基础能力支撑不足

气象商品流通交易,涉及政策、法律、税务、会计、贸易等多层面跨领域的专业问题,需要具备专业知识的人才队伍。目前气象部门人才队伍现状对气象商品交易支撑保障能力明显不足,限制了气象商品交易的实践探索。

(三)推进气象商品交易的工作建议

1. 建立气象商品交易制度体系

构建气象数据流通交易管理制度。中共中央、国务院《关于构建更加完善的要素市场化配置体制机制的意见》中明确了气象数据也是第五大生产要素。2022 年底的《中共中央 国务院关于构建数据基础制度更好发挥数据要素作用的意见》("数据二十条")系统性布局了数据基础制度体系的"四梁八柱",加速了数据流通交易和数据要素市场发展。气象部门应当积极响应,建立健全气象数据类商品流通交易的制度体系,同时出台相关的部门规章与《中华人民共和国数据安全法》等衔接,构建气象数据持有权、加工使用权、产品经营权分置的产权运行机制,建立完善气象数据收益分配机制,建立健全气象数据使用规则,达到守住数据安全底线及开发数据要素价值两者间的平衡。

构建气象商品的确权确价机制。气象商品需要确权确价,才能有效流通交易。科技部等 9 部门印发了《赋予科研人员职务科技成果所有权或长期使用权试点实施方案》,明确"国家设立的高等院校、科研机构科研人员完成的职务科技成果所有权属于单位。试点单位可以结合本单位实际,将本单位利用财政性资金形成或接受企业、其他社会组织委托形成的归单位所有的职务科技成果所有权赋予成果完成人(团队),试点单位与成果完成人(团队)成为共同所有权人""试点单位可赋予科研人员不低于 10 年的职务科技成果长期使用权"等政策要求,气象部门应以政策为指引,积极推进气象科技成果等商品的确权工作;利用部门优势,探索探讨科研机构以外的其他事业单位气象科技成果的确权、确价,为气象商品市场化打好基础。

2.搭建气象商品交易平台

建议依托上海技术交易所实现气象技术(算法、系统和科普作品等)国内和国际交易,依托上海数据交易所实现气象数据交易。与两家交易所一起,建设气象商品交易联合创新研究中心(或数字气象经济联合创新中心),培育气象商品交易全链条服务商,孵化气象商品交易市场和气象社会企业。

开展气象商品交易创新实践。气象商品定义广泛,包括了数据、算法、软件、技术、服务等多种市场化门类,交易基础与规则建立也不尽相同。建议联合中国气象局相关部门、相关省气象部门和上海技术交易所、上海数据交易所、浦东新区政府等,在浦东引领区联合成立气象商品数字化创新研究中心(新型研发机构),开设气象商品交易专板,开展气象商品交易创新研究,梳理气象商品交易的流程和规则,进一步推进气象商品国内和国际交易,完善气象商品交易体制机制和法规、标准。促进新型研发机构的功能发挥,对标对表WMO示范项目,打造WMO框架下气象业务服务技术国际化交易平台。

3.夯实基础保障

注重气象商品价值的宣传,更新社会认知环境。气象在经济生产活动中的价值效益实现广泛。气象部门应当加大对气象商品价值的宣传,提升全社会对气象商品的价值认知,逐步建立社会对市场化气象商品的接受度。

培养气象商品交易专业人才队伍。通过项目、资金投入,借力"外脑",引入第三方专业机构,开展气象商品交易合作;同时加强对部门现有人才的培养,并引进气象商品交易需要的政策法规、税务、会计、贸易等多层面跨领域的专业人才,保障工作推进。

提升"气象+"赋能大城市安全运行和精细化治理能力调研报告

刘锦銮　贾天清　谌志刚　徐晓君　梁晓祥　程　玲

（广东省广州市气象局）

随着气候变化的加剧，极端天气事件增多，气象工作如何更好地在城市治理体系和治理能力现代化中发挥作用成为重要课题。为促进气象与各部门、行业深度融合，研究如何通过数字化、智能化技术手段，提升"气象+"赋能大城市安全运行和精细化治理能力，广州市气象局调研了多个地区气象部门在城市精细化治理方面的做法和经验，对比分析广州城市安全运行主要风险点，查找能力提升方面存在的问题，提出对策建议，以期推动相关工作。现将调研情况总结如下：

一、国内大城市"气象+"赋能城市精细化治理方面的做法和经验

通过对北京、上海、杭州、深圳、雄安新区等地的调研，了解到在气象赋能城市安全运行和精细化治理方面有许多做法值得广州学习借鉴。

（一）立足城市战略定位，做好"数智气象"顶层设计

北京市印发《关于推进首都功能核心区气象保障服务高质量发展的实施方案》，提出将北京市核心区建成智慧气象服务国家级标杆之区。上海市出台《推进智慧气象保障城市精细化管理实施意见》，建设气象先知系统，以智慧气象保障智慧防汛、城市生命线、城市综合交通等智慧城市建设等。杭州市印发《杭州市气象数字化改革实施方案》，依托城市大脑中枢系统打造气象数字驾驶舱，实现市—县—部门—乡镇—村（社区）"五级机长"的驾驶应用。雄安新区印发《河北雄安新区气象大脑设计方案》，建立"1+1+N"气象发展规划体系，面向未来布设城市气象服务智慧基础。

（二）聚焦城市运行重点领域，开展"气象+"场景应用

上海市建设精准警务气象辅助系统、重点区域的暴雨内涝影响评估模型，构

建基于气象的城市运行管理预测预警模型,在城运系统中提供多维度、插件式服务。深圳市打造智慧气象中台,以数据、图层、插件等多种形式,支撑服务市区、各行业应急管理监测预警指挥中心,开展场景下风险服务产品的设计开发。杭州市气象部门依托杭州城市大脑中枢系统,组织研发了气象数字驾驶舱移动版和 PC 版,实时呈现分钟级气象实况数据、智能网格预报等产品,实现市—县—部门—乡镇—村(社区)"五级机长"的驾驶应用。

(三)按照"早准快"要求,提升靶向预警发布能力

贵州省通信、气象部门联合开展"5G＋靶向预警",实现在重大气象灾害来临前,预警信息直达受影响乡镇的群众,从发布到接收仅用时 30 秒。福建省气象局创建了预警靶向发布应用数字示范系统,以"预警＋短信/闪信"的方式,自主研发建成多灾种全链条精准靶向信息发布应用,精细到乡镇(街道)级。重庆市搭建起专属当地的天气查询应用平台——"重庆天气"聊天机器人,基于 5G 消息终端原生态短信窗口,将天气短信内容的呈现方式更加媒体化,主动触达用户。江西省搭建 5G 天气预报移动信息发布系统,针对不同用户需求、天气条件、用户地理位置、预警信号等,实现按需推送服务。

二、广州城市安全运行的主要风险点

广州是台风、暴雨、强对流、高温等气象灾害和内涝水浸、空气污染、交通拥堵等"城市病"频发的特大型国家中心城市,随着城市化进程的快速推进,城市气象灾害日益呈现出脆弱性、连锁性和高影响性的特征。

(一)城市内涝隐患威胁城市安全运行

广州在城市内涝防御方面面临一系列挑战,进入 21 世纪后,广州的暴雨和大暴雨频率明显增加,例如 2018 年"6·8"特大暴雨、2020 年 5 月 22 日大暴雨,均导致了一定的人员伤亡和财产损失。通过对比广州近 10 年降雨极值,3 小时和 12 小时降雨量极值(382.6 毫米和 542.7 毫米)均超过郑州"7·20"暴雨,1 小时和 6 小时降雨量极值接近郑州"7·20"暴雨,广州出现类似郑州"7·20"暴雨可能性很大。近年来,广州市气象局研发内涝风险评估模型和产品并业务化,得到相关部门的认可,但是仍然存在预警模型和算法不完善、适用反馈机制不健全、部门数据共享和应急联动需加强的问题。

（二）地铁建设和运营受到多种灾害影响

暴雨、大风和高温对地铁建设和运营有着不可忽视的影响，一旦地铁车站和隧道等地下空间受到水浸，涨水速度快，排水困难，会影响列车正常运营甚至导致停运。如 2021 年 7 月 20 日，郑州遭遇历史罕见特大暴雨，地铁 5 号线涝水灌入、失电迫停，造成 14 人死亡；2021 年 7 月 30 日，广州地铁 21 号线神舟路站进水造成 6 个站停运 7 个小时。目前气象部门已为广州地铁建设一套气象监测预警系统，提供积水内涝实时监控和风险预警产品，但精细到站点的现场水位、雨量监测能力不足，地铁建设的气候可行性论证需进一步加强。

（三）恶劣天气使交通拥堵问题更加凸显

据统计分析，广州因天气导致的交通拥堵占比达到 40%，目前广州市机动车保有量逾 360 万辆，电动车超 500 万辆，暴雨发生时间多处于午后和傍晚，正值晚高峰期，交通拥堵问题由于机动车保有量的增加和气象因素的影响而愈发严重。2010 年以来，平均每 2～3 年会发生一次因暴雨导致全市交通大瘫痪事件。近年来，广州市气象局针对道路交通研发"道路积水气象风险预警模型""高速横风风险评估模型""道路交通拥堵/警情气象风险评估模型"已业务运行，但相关产品未能融入交通、交警部门智能交通系统，并建立快速响应管控机制。

（四）树木倒伏对道路交通和公共安全造成显著影响

近 10 年年均影响广州的台风有 2.6 个，年均发生较明显强对流过程约 50.7次。据广州市林业和园林局统计，2016 年 1 月至 2018 年 10 月，共抢险受损树木 17758 株，其中 112 株树木破坏建筑物，124 株树木压坏车辆，168 株树木压断线路，1822 号超强台风"山竹"导致树木倒伏，致死 3 人。目前还没有针对树木倒伏的影响预报和风险预警产品，需要气象部门结合树种分布、城市空间形态等因素，建立树木倒伏气象风险评估模型，开展树木倒伏影响预报和风险预警服务。

（五）建筑工地施工安全和工程进度受天气影响大

目前广州市建筑工地共 3137 个，起重吊装、脚手架等危大分项工程总数8377 项，涉地下水的建设工程 101 个。一方面，隧道施工、深基坑、盾构机等建筑施工重点危险环节多，受台风、暴雨、强对流天气影响大；另一方面，不利气象条件对工程的进度和质量也有重要影响。根据调研，目前常规预报预警信息没有与建筑行业影响阈值相结合,需要将天气风险与建筑施工安全风险、工期延误风险等相结合,建立不同施工工序灾害性天气阈值体系、施工适宜度评估模型、高空风测算模型,研发"实时监测告警、短临风险预警、短期风险预估"全环节建设工程气象服务产品。

（六）恶劣天气致使景区风险陡增

目前广州市 A 级旅游景区共 90 家,客运索道 5 条,大型游乐设施 301 台。随着新冠疫情结束,广州景区热度不断增加,如广州长隆欢乐世界曾创下单日接待游客超过 10 万人的主题公园纪录,2022 年重阳节前夜,全市 10 个登高点共约 16.77 万人集中登高,安全防范压力很大。经过调研,各景区在接收预报预警信息方面渠道畅通,但对预警信号的理解和使用参差不齐,且气象森林火险预警无法满足精细化预警管理需求,需要将森林火险气象指数与影响林火发生的孕灾环境、承灾体因素结合,构建精细化的森林火险预警预报模型。

（七）船舶通行、港航作业安全保障对气象服务提出更高要求

广州港是华南最大综合性主枢纽港和集装箱干线港,2022 年全港进出船舶 4.9 万艘,货物吞吐量 5.59 亿吨。海域大风、海雾、雷电、暴雨、风暴潮等灾害性天气对船舶锚地停泊、航道行驶和货物装卸等作业环节影响明显。当广州港升挂台风 2 号风球时,港口码头作业需要即刻停止,大型船舶要第一时间离开码头。当升挂 3 号风球时,整个航道需要关闭,船只必须离港。2020—2022 年,有影响的台风共 11 个,2 号港区悬挂台风 2 号及以上风球持续时间超 477 小时,而全港码头停工每小时损失约 65 万元。目前风球发布机制和港口气象服务精细化不够高,产品针对性有待提高。中远海运散货运输有限公司等航运企业对气象导航业务也有着迫切需求。

（八）城市建设地质灾害发生与强降雨关系密切

据统计,广州每年汛期突发地质灾害占全年的 80% 以上,各类工程建设对地质环境的影响也不断加剧,全市地质灾害具有多发易发、随机性大、隐蔽性强的特点,例如 2022 年"5·22"大暴雨造成黄埔区鸣泉山庄发生小型山体滑坡及伴生泥石流,致房屋倒塌 4 间,9 人受困,其中 2 人死亡。目前全市在册地质灾害隐患点共 208 处,受地质灾害威胁人员 6781 人,潜在经济损失约 3.2 亿元。按照广州市地质灾害综合防治能力提升方案要求,气象部门需要持续优化地质灾害气象风险预警分析模型,提升市级气象风险预警预报精准度和时效性。

（九）供水、供电等重要生命线系统安全与天气情况密切相关

据广州供电局权属供电设施数据统计，"十二五"以来，全市发生供电设施水浸、失压停电等事故 81 例，其中变电房、配电设施水浸 75 例，主要是强台风、特大暴雨造成供电设施受损，灾害共造成负荷损失约 760 兆瓦，影响用户约 120 万户。2015 年受极端天气影响，南洲水厂 110 千伏进线电缆失压造成全厂停水停电事故，导致海珠和芳村大部分区域的供水受到影响。供水系统在极端天气条件下的脆弱性，容易影响到供水的稳定性和可靠性。只有通过科学的规划和管理，加强气象监测预警能力，才能更好地保障城市供水供电系统的安全运行。

三、提升"气象十"赋能城市精细化治理能力方面存在的问题

经过对应急管理、水务、交通等行业部门的调研，对比国内大城市先进经验，广州市气象局在气象赋能城市精细化治理主要存在三方面问题。

（一）气象应急保障能力与应急部门期望还有差距

一是决策材料精细化程度不够，灾害性天气对城市和各行业的具体影响分析内容较少。二是气象业务产品没有完全融入三防应急指挥平台，调度和指挥时便利性不够。三是气象灾害应急指挥部履行职责还不够全面充分，在规范指挥部运行规则、强化指挥调度和完善各部门信息报送方面存在不足。

（二）灾害风险预警产品支撑重点行业精细化管控不够

一是已开展应用的城市内涝、高速横风、道路交通拥堵风险预警产品的适用反馈机制不健全，未能通过系统融入与行业主管部门建立快速响应管控机制。二是树木倒伏、森林火险、水污染、建筑施工等气象风险评估模型和风险预警产品缺乏。三是风球发布等港口气象服务精细化不够高，气象导航服务机制尚未正式建立。

（三）预警信息发布覆盖面和时效性需进一步提升

面对广州城乡结构复杂、人口流动性大和分布不均匀等特点，广州市预警信息传播还存在覆盖面有待进一步提升、传播效率有待提高等问题，特别是针对高影响地区的极端天气靶向预报预警能力有待提升。

四、对策和建议

作为实际管理人口超过 2200 万的超大城市，广州社会治理面临的形势和任

务更为复杂繁重,必须努力走出一条符合超大城市规律的社会治理新路子,实现高水平治理和高质量发展相互协调、相得益彰。

(一)健全"强预警、强联动、强响应"机制

一是进一步优化决策气象服务材料。利用气象灾害风险普查成果,细化灾害性天气对行业的具体影响评估分析,增加更多的影响预报和风险预警产品。二是深化"131631"决策服务机制。落实广州市委、市政府指挥应对重大气象灾害工作措施,优化和完善重点部门、行业气象灾害防御指引。三是制定印发《广州市气象灾害应急指挥部工作规则》。充分履行应急指挥部工作职责,完善应急指挥协调和信息报告机制,做好各类气象灾害防御。

(二)开展关键行业领域的风险预警

一是进一步夯实气象大数据基础,推进算法、模型、产品等技术模块化开发,建立数据服务中台,将气象信息封装成数据产品,以封装插件的形式提供高精度的实况融合产品和格点预报产品,提升气象数据产品制作、开放共享的能力。二是强化部门联动,利用行业部门数据,对现有的影响预报和风险预警产品进行检验,通过检验不断升级和完善,加强住建、林业、旅游等方面的影响预报和风险预警关键技术的研发,深化城乡水、电、气供应气象保障服务能力。三是不断完善气象数据产品的种类和接口形式,将影响预报和风险预警产品融入更多行业部门(水务、导航等)。

(三)建立预警信息发布生态圈

一是广泛利用社会资源多渠道发布气象信息。进一步强化部门信息发布终端资源融合融通,建立社会显示屏气象信息共享机制,盘活宣传、商务、交管、住房建设、公交、地铁等单位现有信息发布终端资源,推动气象信息发布走向纵深和宽广。二是研发新型预警信息数智化靶向发布产品。研发集约化数据环境构建技术,开发融合手机短信、电视、应急广播、微信等多种接收渠道于一体的融合式新型靶向发布产品。三是建立预警信息服务效果评估模型。设计气象服务多源数据抓取规则,将各渠道发布反馈数据进行统一收集、管理,对预警信息发布服务全流程进行挖掘和分析,建立预警发布事前预估、事中跟踪、事后评价的评估模型,实现全流程可视化监控和故障快速定位、快速处理。

加强人才团队建设储备，加快推进
气象科技能力现代化

——气象部门司局级创新团队建设实施情况调研分析

臧海佳 杨 蕾 张 岳 王 蒙

（中国气象局科技与气候变化司）

党的十八大以来，以习近平同志为核心的党中央高度重视科技创新，以前所未有的推进力度深化科技改革，以前所未有的政策密度推动创新发展，科技创新的战略地位达到前所未有的新高度。党的二十大报告提出要全面提高人才自主培养质量，着力造就拔尖创新人才。聚焦围绕气象业务服务保障以及新时代气象事业高质量发展需求，科技与气候变化司积极推动组织开展创新团队建设工作，汇聚优势科技创新攻关力量，加强高端学科人才储备，加快推进气象科技能力现代化。

为全面了解气象部门司局级创新团队建设情况，为国家级创新团队建设夯实基础，科技与气候变化司通过问卷调查、实地考察、座谈访谈多种方式，对气象系统司局级单位"十四五"以来在建的司局级创新团队运行情况、取得成效及存在问题深入开展调研。

一、发展现状

"十四五"以来，全国各省（区、市）气象局和各直属事业单位积极推进创新团队建设，30个省（区、市）气象局和10个直属单位共有272个司局级创新团队（简称"创新团队"）在建，包含3791名成员。

（一）团队基本情况

1. 团队数量

目前各单位在建创新团队272个，平均每个单位组建创新团队6.8个，但不同单位之间的团队个数区别较大，标准差接近4.0，其中云南省气象局创新团队个数最多,高达14个;国家卫星气象中心、宁夏回族自治区气象局等5个单位则是仅含有1个创新团队。

各直属单位在建创新团队59个,占总量的21%左右。平均每个单位组建5.9个创新团队,整体略低于各省(区、市)气象局的平均水平,标准差达到4.4,国家气象中心、气象探测中心、中国气象科学研究院3个单位的创新团队个数占直属单位团队总数的60%左右,团队数量离散程度较高,个数差异较大。

各省(区、市)气象局在建创新团队213个,占整体的79%,平均每个单位组建创新团队7.3个,标准差为3.72,与直属单位平均水平相比个数较多、差异较小。其中,云南等9个省(区、市)气象局创新团队不少于10个,合计创新团队共105个,接近省(区、市)气象局创新团队总数的50%。

2008—2017年创新团队建设速度较慢,平均每年建设2.63个创新团队,团队数量增长较为缓慢。2018—2023年创新团队建设发展迅速,团队个数不断增长,6年期间组建创新团队223个,逾80%的创新团队在此期间组建,其中2022年组建团队高达70个。

2. 单位类型

目前在建创新团队从依托单位的属性主要分为业务和科研单位两类。其中,以业务类单位为主,科研单位创新团队较少。逾200个团队依托业务单位组建和管理,约占团队总数的80%,明显多于科研单位创新团队个数。

3. 团队规模

创新团队的成员数量从3～46名不等,平均每个团队拥有13.94名成员,其中成员数量10～15名的创新团队共有165个,超过创新团队总数的60%,近80%的创新团队人数在10～19名。国家卫星气象中心、国家气象信息中心、黑龙江省气象局和上海市气象局组建和管理的创新团队平均人数超过20名,明显多于其他单位。而北京市气象局的2个创新团队只分别包含3名和4名骨干,团队规模较小。

4. 建设周期

创新团队的建设年限一般为1～4年,占比90%。其中,以2年和3年的建设年限为主,超过团队总数的70%,建设年限截至目前最长为国家气象中心的MICAPS创新团队。另外,辽宁省、重庆市、陕西省气象局(共计34支团队)组建和管理的创新团队均未明确创新团队建设的终止年份。

5. 年龄分布

创新团队成员平均年龄为39.1岁,整体较低,主要集中在36～40岁,平均年龄 40 岁以下的创新团队共有 188 个，占创新团队总数近 70％，各团队 35 岁以下成员占比平均为 34.98％。

（二）团队成员情况

272 个创新团队中共有 290 名带头人，18 个创新团队有 2 名带头人，其他 254 个团队均只含有 1 名带头人。共包含 3791 名团队成员（包含带头人），其中有来自北京大学、南京大学、南京信息工程大学等 25 家单位的 62 名系统外人员参与创新团队。

1．性别分布

带头人中男性人数明显多于女性。290 名带头人中有 175 名男性，超过带头人总数的 60％，女性带头人 111 名，约占带头人总数的 39％，男性带头人人数约为女性的 1.5 倍。成员中男性人数和女性人数基本相等，男性成员共 1934 名，女性成员 1849 名，分别占总人数的 51％和 49％。

2．年龄分布

290 名团队带头人主要以 41～50 岁为主，接近团队带头人总数的 50％。40 岁以下的带头人有 44 名，占带头人总数的 20％左右；50 岁以上的带头人有 85 名，接近带头人总数的 30％。最年轻的团队带头人为河南省暴雨预报及流域风险预警创新团队栗涵，仅为 30 岁；带头人 60 岁以上的团队为辽宁省暴雨专家型预报员团队和广东省区域数值预报模式资料同化创新团队，年龄分别为 62 岁和 65 岁。

3．职称分布

带头人中以正高级职称为主。带头人中正高级职称有 217 人，接近带头人总数的 75％，约为副高级职称带头人人数的 3 倍；副高级职称有 72 人，占带头人总数的 25％；仅有 1 名带头人为中级职称。团队成员则以副高级职称为主。成员中正高级职称 691 人，接近成员总人数的 20％，明显低于带头人中正高级职称占比；副高级职称 1887 人，超过成员总人数的 50％，高级职称累计占比约 70％。中级职称的团队成员为 932 人，约占成员总人数的 25％。初级职称和其他类型的成员数为 277 人，约为总人数的 7％。

4．学位分布

带头人中学士约有 84 人，占带头人总数的近 30％，研究生总共 202 人，占总人数的近 70％，其中博士 87 人、硕士 115 人。成员中学士约有 780 人，超过成员总人数的 20％,研究生总数 2990 人,占总数的近 80％,其中博士 780 人,硕士 2190 人。

（三）涵盖业务领域

272 个创新团队建设实施涉及科研业务多领域多学科,基本实现对业务服务关键领域的支持与覆盖,具体包括数值模式、预报预测、人工影响天气、气候变化、生态与农业气象、综合气象观测、气象服务保障、气象大数据与信息化以及其他建设方向。其中,预报预测方向的团队建设最为密集,数量为 77 支,占比 28.31％,第二位的是气象服务保障方向,数量为 41 支,占比 15.07％,气候变化方向和气象大数据与信息化方向数量相近,分别为 33 支和 34 支,占比分别为 12.5％和 12.13％,其余分别是综合气象观测、数值模式、生态与农业气象、人工影响天气等方向,比例均不足 10％,分别为 9.93％、8.09％、7.35％、4.04％。相关团队立足气象部门改革发展全局,聚焦围绕个性化业务服务保障迫切需求以及制约本地区气象事业高质量发展的关键核心和区域特色科学技术问题,开展攻关研发,并取得实效。

（四）科技创新成果

创新团队建设整体取得了较好的业务服务和科技支撑,应用成效显著,取得了典型代表性科技创新成果。

直属单位聚焦国家级核心业务发展需求形成创新成果。国家气象中心以集合模式系统、集合预报工具箱 V1.3 及集合预报产品平台的业务应用和支撑;国家气候中心初步建立了基于 ERA5 和 CRA40 的风光资源多时间尺度监测诊断预测业务系统;国家卫星气象中心组织开展人工智能冰雹识别攻关;国家气象信息中心围绕地球气候系统多圈层观测数据高效传输、社会化观测数据云端汇聚、行业部门数据分析产品规范汇交建立健全气候变化数据库;气象探测中心基于天气雷达开展虫鸟监测,应用模糊逻辑、机器学习和卷积神经网络等模型方法,建立了生物回波双偏振识别算法模型,满足业务化应用需求;人工影响天气中心组织开展并完成庐山云雾催化试验和青藏高原阿尼玛卿雪山大型无人机外场试验,数据集成果在人工影响天气中心成果评价中获优秀。

省级气象部门围绕优势领域结合个性化服务需求实现创新突破。北京市气象局建立 AI 开发平台,并于 2022 年 6 月投入试运行;天津市气象局研发了可表征建筑供热(干球温度)和制冷(湿球温度)能耗的可靠指标,建立了节能设计气象参数的确定方法;辽宁省气象局研发了农业气象灾害精细动态预报技术,实现了精细动态预报;上海市气象局研发登陆及近海风雨关键预报技术;河南省气象局建立了综合气象特征、地理环境、排水方式、储水能力、水文信息等因素的电网设备防汛风险预警模型;广东省气象局研发出首个面向对象的资料同化平台MOTOR-DA,获得业务准入;重庆市气象局建设了"御天"智慧人工影响天气业务系统;陕西省气象局研发了秦智陕西智能网格预报系统。

（五）人才培养情况

受调查创新团队成员共计725人获得职称晋升,其中226人获评正高级职称,364人获评副高级职称,135人获评中级职称。创新团队荣获各类人才称号共计792人,其中国家级和省级领军人才60人,国家级和省级首席专家160人,国家级和省级青年英才279人。创新团队共计262人参与到中国气象局国家级重点和青年创新团队。其中,首批重点团队40人,第二批重点团队71人;参加首批青年团队151人。荣获8项省级科技奖,湖南省3项,陕西省2项,国家气象中心1项,江苏省和江西省各1项。

（六）科技资源匹配

受调查创新团队累计获得1676个项目、92236.34万元经费支持,其中事业单位累计获得320项、48032.1万元经费支持,省级气象局累计获得1356项、44204.24万元经费支持。经费投入和绩效匹配资源匹配较好的单位包括国家气象中心、中国气象科学研究院、人工影响天气中心以及吉林、江苏、安徽、福建、广西、四川、云南省（区）气象局,其他单位经费投入主要依赖外部争取,内部资金匹配相对较少,大量存在团队无人员绩效经费的客观情况。

二、问题与不足

（一）团队创新水平参差不齐

依托直属单位组建的创新团队的论文、软著等平均数显著高于省级气象局团队,项目研究、论文成果与团队攻关方向关联性较差,研发成果的业务贡献和应用成效支撑不足。

（二）团队建设缺乏有力举措

创新团队执行年限普遍较短,受疫情以及经济下行财政收紧客观因素影响和制约,团队建设在人才培养方面缺乏具体有效举措,缺乏政策引导和扶持。

（三）缺乏合力,制约协同创新

创新团队形成合力不足,缺乏交流机制,并未发挥团队集成优势。存在以带头人或骨干成员个人科研成果充当团队整体成果问题,实际参研人员不足,未充分发挥团队作用。

（四）缺乏内控制度,管理不善

受调研创新团队多数处于低效率运行状态,多数尚未建立合理有效的团队管理、考评等运行内部管理制度,创新团队的建设规范化管理水平较低,只建不管,职责缺位。

（五）缺乏经费投入,项目支持

创新团队缺乏科技资源投入支撑。资金投入、项目支持和人员经费匹配不足,匹配研发和人员经费总体偏低,以团队成员争取外部项目为主要经费来源。

三、思考建议

（一）建章立制,加强团队制度建设

修订完善《中国气象局创新团队建设与管理办法》,引导各司局级单位参照制定本单位创新团队建设与管理办法,建立合理可行的人员考核与激励机制,要通过差异化的激励措施有效调动每位成员的创新活力,体现集成放大作用。

（二）优化配置,助力团队建设发展

持续推进落实深化气象科技"三评"改革精神,引导各司局级单位建立完善资金、基地、项目、人才等科技资源投入一体化配置机制,用好用活地方科技政策和资源,多种渠道加大对创新团队的匹配支持力度,解决经费紧张问题。

（三）推广经验,全面提升建设效能

对实践中取得较好成效的经验做法进行总结,形成制度措施并进一步推广。例如,通过设立双带头人,促进部门内外协同、科研业务融合,发挥"传帮带"作用,建立导师制和跟踪专家指导制度,建立汇报交流和咨询指导机制。

（四）政策衔接，夯实人才团队储备

将中国气象局创新团队建设、人才评选等工作与司局级创新团队建设有效衔接，引导各单位围绕业务服务发展需求和自身优势加强团队建设培育，吸纳运行良好的司局级创新团队骨干进入国家级创新团队，加强区域流域人才培育。

（五）成果贯通，有力支撑业务服务

健全以业务贡献为导向的团队评估机制，引导团队成员主动跟踪、及时解决业务服务中遇到的难点问题，形成团队运行与业务需求的实时互动机制，既要培养人才，更要服务业务发展。鼓励引导共建团队，促进人才和成果的融通共享。

重庆气候资源经济转化路径研究专题调研报告

李永华　曾　艳　张　芬　张天宇

（重庆市气象局）

　　本调研主要围绕贯彻落实习近平生态文明思想、贯彻落实习近平总书记关于气象工作重要指示精神和对重庆提出的系列重要指示要求，分析重庆气候资源经济转化等体制机制和路径问题，调研了福建、江西、湖北等做法和重庆奉节、巫山、万盛等实际情况，提出措施建议，为重庆气候资源经济转化体制机制和技术创新提供参考。

一、我国气候资源经济转化背景和现状

（一）背景

　　党的二十大报告强调，要推动绿色发展，促进人与自然和谐共生。习近平总书记指出，要牢固树立"绿水青山就是金山银山"的理念，建立健全以产业生态化和生态产业化为主体的生态经济体系，推动自然资源资本增值。中共中央办公厅、国务院办公厅《关于建立健全生态产品价值实现机制的意见》明确提出要将生态优势转化为经济优势。《气象高质量发展纲要（2022—2035 年）》和《全国气象发展"十四五"规划》《"十四五"中国气象局应对气候变化发展规划》等均要求全面提升气候资源利用能力，充分挖掘宜居、宜业、宜游、宜养气候资源价值，探索建立生态气象产品价值实现机制。

　　推动气候资源价值转化是落实"双碳"工作的重要举措。实现"双碳"目标必须坚定不移贯彻新发展理念，要结合地方资源禀赋因地制宜、分类施策，加快实现绿色低碳发展转型，走绿色低碳发展之路，追求产业结构的低碳化，培育新兴产业，加快推动构建高质量的现代化经济体系。气候资源绿色清洁，推动气候资源价值转化，有力推进"双碳"工作，坚持"降碳"的同时，增强适应气候变化能力。

　　推动气候资源价值转化是生态文明建设的内在要求。生态文明建设要求加

快形成绿色的生产和消费方式,促进人与自然和谐共生,更好地保护环境、节约资源。对气象领域来说,需要切实发挥气候资源保护利用趋利作用,根据各地资源禀赋特点,积极探索具有本地特色的生态产业化模式和路径,充分挖掘宜居、宜游、宜业优质气候资源潜力,发展好气候资源经济。

推动气候资源价值转化是环境资源要素市场化改革的有益探索。近年来,我国把环境资源纳入生产要素市场进行管理,在环境资源要素市场已经开展了排污权、碳排放权、用能权、水权、林权等具有一定"排他性"指标的交易,但类似气候资源等"共有性"更强的指标(产品)交易案例偏少。开展气候资源价值核算、构建市场机制、发挥市场价格发现作用、调节标定气候资源物化价值、激活气候资源蕴含的金融属性将为进一步深化拓宽环境资源要素市场化改革提供有益探索。

(二)现状

《全国主体功能区规划》(国发〔2010〕46 号)将"生态产品"定义为,维系生态安全、保障生态调节功能、提供良好人居环境的自然要素,包括清新的空气、清洁的水源和宜人的气候等。太阳能、风能、热量、降水、云水和大气成分等气候资源作为重要的自然资源,与其他自然资源互存相连,共同构成庞大、复杂、流动和互相影响的生态体系。气候资源价值实现对于建设美丽中国、建立健全生态产品价值实现机制、促进"绿水青山"向"金山银山"转换具有重要意义。由于气候资源作为"公共产品"的显性特征,其可通过市场体系进行交易变现的隐性属性(也即可量化、可交易、可变现的经济价值)往往受到忽视。随着现代科学技术的发展,人们对气候资源的认识正在不断深化,气候资源经济价值正被人类广泛地开发和利用。经济活动是各种自然要素和社会生产要素有机结合的产物,而气候要素包括在自然要素之中。

近年来,基于气候资源的生态产品价值实现出现了"中国天然氧吧""中国气候宜居城市(县)""避暑旅游目的地"及"清新福建·气候福地"评选等经验做法。但同时气候资源价值实现面临"难度量、难抵押、难交易、难变现"等问题。气候资源与其他自然资源相比,具有特殊的经济属性,即气候资源的地域性、再生性、可变性、非线性、丰富性。气候资源经济转化又涉及气象、环境、金融、农业、能源、旅游、康养等多学科交叉融合,其研究本身亦需要综合的学科知识背景。

价值核算"度量难"。缺乏统一的价值核算体系,难以准确监测其价值变化。主要表现为对生态产品尤其是气候资源没有统一的概念、标准、认证和标识体系,尚未形成各方广泛认同的价值核算机制,存在核算方式方法不统一、核算指标体系差异大、供需关系因素考虑不足等问题,数据质量不高、核算结果缺乏市场公信力。此外,不同层级标准不同,缺乏本地化的核算因子,开发周期长、变现难也不可忽视。生态系统生产总值(GEP)核算体系尚不成熟且不统一,实际工作中一般需要建立适用于当地的核算方法和指标体系,致使包括气候资源在内的生态资源计量、监测和核算方法地域性特征明显,不同地区的价值核算结果难以实现互通互认。

生态产品"抵押难"。绿色金融改革(包括气候投融资试点)是支持生态产品价值实现的重要抓手。但同传统金融业务相比,绿色金融业务在投入产出、抵押融资变现上优势并不明显。生态产品权属登记不精准、抵押成本高,抵押物估值复杂、价值保全难、抵押权实现难,也就是生态产品相关的权属登记、交易、风险机制等制度障碍使信贷收益与风险失衡。气候产品是生态产品的特殊类型,也面临同样的困境。

渠道不畅"交易难"。生态产品交易市场还处于起步阶段,从全国开展的碳汇交易、林业产权交易等试点来看,现有经营开发主要借助东西部协作、对口帮扶等区域协调发展机遇,由经济发达地区购买被帮扶方的生态调节服务产品。但这种"输血式"帮扶模式可持续性不强。国内还鲜有气候产品交易变现的典型案例,畅通渠道、建构起供需双方主体是气候资源价值转化的前提。

挖掘不够"变现难"。开展生态产品价值实现探索的地区主要是经济相对落后的生态产品富集地区。这些地区生态保护红线面积大,生态保护标准和保护成本高,且主要依靠上级财政转移支付,在综合考虑生态保护、修复等管护成本后,存在部分经济价值体现不够明显等情况。而气候资源特殊的地区与生态资源丰富的地区存在较大幅度重叠交集,更需要开发挖掘。

(三)先进做法

福建、江西、湖北等省通过立法,以及出台政府规章和地方标准、部门规范性文件等方式,发挥政府主导作用、市场决定性作用,强化气候资源价值实现的制度保障,取得了一些先进经验和做法。

福建于2023年6月1日起实施《福建省气候资源保护和利用条例》,对县级以上人民政府在气候资源保护和利用工作上明确了详细具体的职能职责,也对国家机关及其工作人员、从事气候资源活动的组织或个人的法律责任作了规定。条例鼓励福建特色气候资源的开发利用,着眼于服务乡村振兴战略,助力清新福建、生态福建建设,强调根据当地气候特点发展特色旅游产业及设施农业、特色农业、观光农业,鼓励合理利用气候资源,推动气候标志品牌评价,开展农产品气候品质认证、精细化农业气候服务等工作,鼓励合理利用气候资源,将气候资源优势转化为经济优势,推动福建经济高质量发展。

江西是全国首批生态产品价值实现试点省。通过人大立法、出台政策、建立标准等措施,江西将气候资源利用固化于制,争取为挖掘气候资源价值、发展气候资源产业提供实践经验。2018 年出台并实施的《江西省气候资源保护和利用条例》,着力推动气候资源价值转化,被国务院评估组认定为江西推进国家生态文明试验区建设的五大亮点成果之一。2022 年 1 月,江西省气象局向江西省政协十二届五次会议提交了一份《关于加强气候资源价值实现工作的建议》,并获得省政协正式立案。

湖北于 2018 年 8 月 1 日实施《湖北省气候资源保护和利用条例》,立法保护太阳能、风能等气候资源。条例规定,与气候条件相关的城乡规划、国家重点建设工程、重大区域性经济开发项目和大型太阳能、风能等气候资源利用项目,其范围和强度应当严守生态红线、符合环境保护要求,应当依法进行气候可行性论证。在气候资源丰富区域或气候敏感区域内,划定气候资源保护区域,保护区域内不得建设破坏气候资源的项目。湖北省人民政府 2022 年发布的《湖北省能源发展“十四五”规划》重点提及要大规模发展光伏发电、风电。湖北省气象局持续为长江三峡总公司、华电、华能、中广核、湖北能源等多家公司提供新能源气象服务,助力绿色转型。

二、重庆气候资源经济转化现状和问题

(一)概况

重庆市委指出,要加快推动绿色低碳发展,因地制宜发展气候经济。《重庆市筑牢长江上游重要生态屏障“十四五”建设规划(2021—2025 年)》要求开展优质气候资源区精细化保护和绿色开发。重庆有广阔的森林、丰富的立体气候,是气候资源经济转化和绿色低碳科技的天然科学试验场。在重庆市气象局党组的决策下,在科技与预报处等的指导下,气候中心联合气象科学研究所、气象服务中心等单位坚持系统观念,主动发力、互动借力、联动聚力,积极开拓气候资源转化新路径。

搭建统一的科技平台。在重庆市气象局领导的谋划指导下,成功创建了中国气象局气候资源经济转化重点开放实验室和温室气体及碳中和监测评估重庆

分中心。从活跃科技交流、汇聚资源、组织协同攻关、推动合作、促进创新融合等多方面发力,逐步厘清气候资源经济转化、碳中和气象支撑关键科学问题,积极开展气候资源经济价值核算、精细气候区划对碳减排影响评估等创新探索。

聚集高质量研究团队。一是积极与国内高水平专家团队互动,营造气象科技创新氛围。在中国气象科学研究院张小曳院士团队的指导下开展重庆碳源碳汇评估;通过人才交流访问的形式联合南京大学研发中小尺度精细气候分析模型。二是联合市气象局单位和区县气象局人才共同参与研究。气候中心、气象科学研究所、气象信息与技术保障中心等单位联动开展碳达峰碳中和气象支撑保障工作探索;联合万盛区气象局在黑山镇试点开展气候资源经济价值核算研究。三是依托市气象局创新团队和本单位业务攻关小组攻克技术难题。发挥市气象局智慧气候应用创新团队和气候监测预测核心技术创新团队作用;在本单位成立气候经济评估、双碳监测评估等攻关小组,围绕关键技术问题开展攻关。

强化多部门联动机制。一是参与重庆气候资源经济转化相关政策文件的制定。找到气象工作切入点,重点参与市生态环境、文化旅游等部门牵头的《重庆市适应气候变化行动方案》《重庆市全域旅游发展规划》等重大政策文件制定;积极融入重庆碳达峰碳中和"1+2+6+N"政策体系,编制重庆市碳达峰碳中和气象服务支撑方案。二是联合部门开展气候资源经济转化探索和应用。联合重庆市发展和改革委员会、生产力发展中心开展重庆中心城区精细风环境特征分析;联合市生态环境局开展土地利用低碳优化及低碳小镇规划气候分析;联合市文化和旅游发展委员会开展全市气象旅游资源普查评估及 34 个重庆气候清凉避暑地和重庆气候养生地评定。

(二)存在的问题

重庆坚持走生态优先绿色低碳发展道路,对气候资源产业化和经济价值实现提出了迫切需求,但气候资源经济转化科学研究还需进一步深入、管理体系还需进一步健全、应用场景还需进一步丰富。

三、重庆气候资源经济转化路径思考

(一)加强关键技术突破

深化气候与经济大数据监测评估,收集多源气候及其关联产业经济数据,建立和完善旅游、康养等气候经济指标与气候资源的关系评价模型。深化客观的

转化技术方法研究,研究发掘新的气候资源开发利用项目,通过高质量气候服务提升气候资源利用率,推动气候关联产业发展。深化定量的经济价值核算研究,研究气候资源价值定量评估理论和方法,探索开展旅游、地产、康养等气候资源价值评估,逐步解决自然气候资源"难度量"问题。深化有效的转化途径与政策研究,探索气候资源转化途径和政策,逐步建立分类的气候资源经济标准体系,科学引导气候资源开发利用活动。

加强气候资源经济转化研究,最大限度发挥气候资源效应。加快建立气候资源监测评估系统,针对不同地区的气候条件和地域特征,全面考虑当地气候资源的总体承载能力,推行有利于环境、资源、生态与经济可持续发展的产业布局和发展模式。加强气候资源普查与评估研究,为气候资源经济发展提供技术支撑。重点做好农业、能源、生态、旅游等重点行业、重点区域的气候普查、评估和区划工作,形成具有当地特色的气候资源经济数据库,为气候资源经济发展提供技术支撑。加强气候资源利用技术研究,发展气候资源现代产业。充分利用气候资源的多样性,发展特色农业,提高农业生产的效率和效益。加强旅游气候资源经济转化研究,为乡村振兴提供新思路和新途径,打造国家气候标志品牌产品。以气候资源为基础,调整建筑业标准和规范,大力发展环保节能型住宅。围绕水资源短缺等社会公众关心的重大问题,积极开发、利用空中水资源。

(二)推动体制机制创新

研究和制定气候资源开发利用与保护的法规制度,使人们在法律的框架下从事气候资源开发利用的各种活动。研究和建立气候资源开发利用的政策体系,从经济政策和技术政策两个层面引导人们广泛地开展气候资源开发利用,以实现气候资源经济效益的最大化。研究和制定气候资源保护的道德准则,树立保护气候资源、合理开发利用气候资源的公共道德意识,营造良好的开发利用与保护气候资源的社会环境。

构建左右贯通、上下联通、开放合作的"实验室+外场基地"模式,吸引国内外专家,联合科研院所,形成固定研究人员和流动(客座)研究人员互补创新团队。市级统一建设"实验室+分中心"科技平台,既支撑全市共性业务,又满足区县个性服务需求,推进市、区县两级一体化发展,同时坚持上下协同,释放市、区县气象局业务技术人员的创新活力。实验室和碳分中心分别围绕5个重点研究方向和三大重点任务组建创新团队,搭建吸引和聚集人才的科研创新平台。

（三）区县示范建议

2022年《重庆市新型城镇化规划（2021—2035年）》明确指出，奉节要建设长江三峡国际黄金旅游带核心区、三峡库区大健康产业发展示范区、现代山地特色高效农业示范区、中华"诗城"；巫山要建设长江三峡国际黄金旅游带核心区、现代山地特色高效农业示范区、高峡平湖的山水文化名城；万盛要加快建设资源型城市转型升级示范区、都市健康旅游目的地。

奉节、巫山、万盛气候资源禀赋优良，可紧扣市、区县政府发展规划，借鉴发展气候资源经济转化路径的经验和做法，创新机制，用制度保护气候资源价值实现。建议重点从以下几方面探索发展：

申报国家级和市级气候生态品牌，发挥品牌的经济效益。积极申报国家级和市级气候生态品牌及农产品气候品牌，通过品牌将独特的气候生态优势转化为农业、旅游等产业价值，助力新型城镇化发展和乡村振兴。

大力发展风光等清洁能源，实施绿色低碳转型。强化风光等气候资源科学开发规划与布局研究，开展大规模可再生能源开发的气候生态效应研究和风光互补研究，深入挖掘并发展风电、太阳能等新能源，推进清洁能源高质量发展。

深挖避暑、康养气候资源，发展旅游、康养产业。立足本地自然资源和气候环境，充分挖掘消夏纳凉、旅游休闲、度假养生资源，科学评估避暑、康养气候资源开发利用潜力及经济价值，开发康养避暑游、研学避暑游、休闲避暑游等特色旅游休闲产品，大力发展避暑、康养等特色旅游关联产业。

厦门市大交通气象服务高质量发展调研报告

苏卫东　　陈娇娜　　张玉轩　　王倩云　　吴伟杰　　江　帆

（福建省厦门市气象局）

　　根据厦门市气象局主题教育活动调研工作部署，为扎实推进气象服务融入大交通高质量发展，成立由市气象局党组成员苏卫东任组长，其他有关部门负责人参与的调研小组，于2023年5—7月赴深圳、宁波、上海等地，深入部门、企业和基层调研走访，通过座谈、走访、实地考察等方式开展调研，走访了空港、海港和陆运相关管理部门及运营企业，多层次了解气象服务的需求、存在的问题和短板，同时也了解各部门未来的发展方向以及对气象服务的潜在需求，明确大交通气象服务的高质量发展方向。

一、大交通气象服务需求

（一）陆运交通气象服务需求

　　交通事故的发生很大程度上是由天气情况、路况条件和驾驶情况决定的。恶劣天气是各类交通事故的主要致因之一，是除了驾驶行为特征外，非常显著的客观因素之一。不利天气易引发重特大交通事故，造成交通瘫痪，影响生产生活活动的顺利开展，尤其在路网密度、车辆数量不断增加、行驶速度不断加快的形势下，气象条件对交通运输的影响越来越广泛，大范围的恶劣天气和局地灾害性天气对交通运输造成巨大的经济损失，甚至严重威胁着人民的生命安全。

　　厦门作为海上花园城市，目前机动车保有量超过200万辆，给交通造成了很大的压力，恶劣的环境直接或间接地影响车辆和地面的摩擦系数，同时影响驾驶员的身体和心理状况。如路面湿滑是高速公路交通事故的另一诱因，降雨、结霜等易导致路面摩擦力下降，导致汽车制动距离增加，诱发事故，易发生车辆侧滑和控制失灵从而危及行车安全。同时，降雨会使能见度降低，司机视线模糊不清，导致驾驶失误。不同管理部门对气象的需求也不同，厦门公安交警支队更加关注短时强降水和转折性天气,尤其早晚高峰临时突发强降雨,通行速度下降,容易发生剐蹭等事故;交通运输局更加关注短时强降水和台风等灾害性天气,了解实时情况,提前部署封桥封路停运的措施;高速交警除了雨雾天气的预报服务需求外,还关注路面温度、连续降水等可能造成的地质灾害(山体滑坡)路段的预警信息等。

(二)空港气象服务需求

中国民用航空厦门空中交通管理站成为区域管制中心后,管辖的范围进一步扩大,为此气象台监测预报服务的范围也进一步扩大。目前主要关注机场起降范围(20千米×30千米)、进近区及管辖区域天气。进近区包括厦门、泉州中南部和漳州中北部。管辖区域包括福建全省(除南平),江西上饶、吉安,广东汕头、潮州、揭阳、梅州、河源。服务对象主要为航空公司、机场、管制部门、运行协调管理委员会等气象用户。气象服务需求主要如下:

一是机场精细化天气预报。准确的机场精细化天气预报对航空公司及时调整航班计划、空管指挥飞机、机场合理调度保障力量都非常重要,是航空气象服务保障的重要需求之一。二是机场终端(进近)区危险天气预报。机场进近区的短临天气预报直接影响到航班的流量控制和飞行安全,是航空气象服务保障的又一个重要需求。在机场进近区内,雷暴与低空风切变是影响飞行安全的两大重要气象因子,是机场进近区临近预报关注的焦点,重点关注未来6小时的短时临近预报。三是航路危险天气预报。飞行器在空中飞行时会遇到由于大气运动产生的危险天气,如颠簸、对流云与积冰等,影响飞行器运行安全,甚至造成严重的安全事故。

(三)海港气象服务需求

厦门港包括厦门、漳州共9个港区,是以外贸集装箱运输为主的国际航运枢纽港、邮轮始发港和中国大陆对台"三通"的主要口岸,是东南国际航运中心和"丝路海运"建设的主要依托,位居世界集装箱百强港第14位,是世界级强港。港口作业和海上航运是气象高敏感行业,台风、海雾、大风、强对流等灾害性天气均对其生产和安全造成严重影响,因此海港气象服务是港口高质量发展必不可少的重要保障。

海港气象服务的需求,一是航道通行气象保障。港航相关部门和企业对航道区域精准化的大风、低能见度等气象监测和预报需求迫切。二是船舶引航气象保障。根据海事部门的航行管制要求,低能见度天气将无法出港接驳,6级以上大风将对小快艇航行和引航员攀爬绳梯造成安全威胁;船舶靠泊时,码头附近6级风带来碰撞等安全隐患。因此,引航部门需要精细到航道、码头和接驳点的引航条件预测及引航气象风险监控。三是码头作业气象保障。影响码头作业安全主要灾害性天气为大风、低能见度和雷电等,而码头运营模式决定了气象条件对其运营的影响程度,进而决定对气象服务的需求。大风雷雨来临前,自动化程度高的码头仅需固定好塔吊,人工操作码头还需撤离塔吊人员,散杂货码头还需货物遮盖整理的时间;码头集装箱堆放一般遵循"堆5过4"原则,台风来临前,需提前安排降低堆放高度并做好加固。因此,码头作业或集装箱堆场的安全,均要求气象预报预警精准并具备相应的提前量。

二、大交通气象服务开展情况

(一)陆运交通气象服务现状

基于福建省网格化气象预报产品,开展网格化订正,实现厦门道路气象预报服务,在此基础上可生成任意道路的气象要素预报。利用稠密地面自动气象站监测、智能化网格精细化预报、新一代多普勒天气雷达、风云气象卫星等气象大数据平台,建立城市路网雷达反演仿测预测降水模型和内涝仿真模型,实现大风、暴雨、内涝、浓雾等交通安全高影响天气的实时监测和分级报警以及临近预报预警。提出厦门地铁气象服务方案并开展厦门地铁线网气象预警预测平台的建设,目前平台已建设并投入试运行。根据不同部门的需求,开展交通气象服务阈值矩阵的建设。与厦门交警支队达成合作意向,双方拟开展信息交流和技术合作,如开展气象与道路拥堵的关系研究等,提升恶劣天气气象服务保障能力。

(二)航空气象服务现状

目前提供的气象服务产品主要有以下三大类:一是民航规章规范要求的基本气象产品,包括 TAF 报、趋势报、起飞报、重要天气预告图、机场警报、风切变警报;二是民航空管系统要求的补充气象产品,包括未来一周航空天气、MDRS 大面积航班延误重要天气概率预报、重要天气趋势预报;三是根据各用户相关需求,额外提供的特色服务产品,包括每日航空天气通报,重要天气、节假日专项天气预报,机场气象会商微信群服务、雷雨季气候预测。进一步梳理航空气象服务的数据需求,形成需求清单。提出厦门机场风切变观测试验方案,已完成设备安装。针对目前航空气象服务中低能见度、强对流等难点痛点,组建厦门航空气象服务创新团队,开展风切变观测试验、低能见度监测预报研究、雷暴和降水强度的短时临近外推预报。

（三）海港交通气象服务现状

厦门港气象观测网初具规模,已建成灯塔自动站 2 个,传播自动站 10 套,X 波段相控阵雷达 3 部并形成组网。服务方面,基于福建省网格化气象预报产品,开展网格化订正,实现台湾海峡 3 千米网格化预报,在此基础上可生成任意地点的气象要素预报。通过灯塔气象站建设,完善了航道关键区域气象观测,实现对大风、低能见度的站点监测和分区告警,开展港区及航道强天气预警服务。开发知天气 APP"丝路海运"模块,涉港相关部门和企业人员可通过知天气 APP 实时获取监测、预报预警服务信息。针对大风、低能见度和强对流等天气对船舶航行和对港口作业的影响,制定了相应的船舶航行气象风险等级和港口作业气象风险等级等指数产品。厦门市气象服务中心与厦门港务海运有限公司签署合作协议,在其近海航线上安装船舶自动站,开展近海气象观测,弥补近海气象观测的不足。厦门市气象服务中心与北京全球气象导航技术有限公司和"丝路海运"运营有限公司签署战略合作协议,探索开展全链条海上导航气象服务。

三、存在的不足

（一）陆运交通气象服务存在的不足

一是观测能力不足。路面高低温、路面积水等交通事故频发的重要因素,目前交通气象观测站少,观测要素偏少。二是智能化服务能力不足。厦门轨道交通气象服务仍停留在传统气象服务的范畴,服务的精度、广度和深度不够。三是交通气象风险预警指标仍需进一步完善。高速公路交通、城市交通和交通重点区域的阈值矩阵和分级风险预警模型需进一步完善。

（二）航空气象服务存在的不足

一是航空气象高影响天气观测资料少。目前已有的 S 波段加 X 波段雷达产品有助于航空气象预报员对对流结构和强度进行分析,作出较准确的天气诊断,但对于低能见度、风切变、海陆风等影响天气缺少多源探测数据,无法进行深入研究分析,航管预报员对于复杂天气的发生规律及影响程度无法掌握。二是缺乏统一的航空气象服务平台。目前航空气象预报的模式产品以及应用软件较为分散,资料调取时间较长,缺乏一个集中的浏览平台,不利于预报思路的快速建立。三是缺少复杂天气预报辅助决策工具。预报员无法提前12～24小时对复杂天气进行预警预报,无法满足气象用户的需求,不能提供良好的气象服务,确保航班正常飞行。

(三)海港交通气象服务存在的不足

一是海上观测能力有待进一步提升。主航道和东海岸的气象观测资料仍然比较少,对港口、航运行业高影响的海雾、大风、雷电等港口灾害性天气观测能力不足,海岛站未能全面覆盖航运气象影响关键点,船舶站因恶劣天气限行未能对关键区域进行全时段监测。二是由于空间分辨率的限制,以及缺乏港口航道气象观测订正,预报准确性有待提高,上述成果尚无法满足港口精细化的气象预报需求。三是有针对性的海洋气象服务模型有待建立。目前针对海上作业,仍然是以传统的要素预报为主,需进一步建立专业海洋气象服务模型,发布有针对性的服务产品。

四、气象融入大交通高质量发展的建议

(一)加强大交通高影响天气监测,提升影响天气的预报预警服务能力

根据大交通气象服务需求,在厦门城市安全智慧气象保障项目中,提出轨道交通、高速交通站网布局规划。规划翔安新机场航空气象观测站网布局,提升航空气象综合探测能力。完善海上观测站网建设方案,加强主航道关键点和码头桥吊作业区的气象监测。

(二)开展大交通高影响天气研究,建立行业气象服务模型

在道路交通指标库的基础上构建交通气象风险预警模型,开展交通气象风险预警预报。开展基于多源观测资料的海雾应用研究。针对预报服务中低能见度、强对流等难点痛点,利用多源资料开展低能见度监测预报研究、雷暴和降水强度的短时临近外推预报等。开展基于风险预警不同的海上作业场景服务、航运气象风险标准、航运大数据和气象深度融合应用等领域研究,提高近海航线、港口作业精细化气象风险预警服务水平。

（三）融入大交通未来发展，完善行业气象服务平台

针对高速公路交警关注的路面温度、道路结冰等，加强路面温度监测，升级路面温度预报模型，在此基础上升级厦门道路交通气象保障系统，把交通气象服务融入交通气象管理，提升交通气象决策支撑。

加强厦门航空气象服务平台的建设，将创新团队的科研成果整合到航空气象服务平台，实现气象观测、航空报、多源资料观测、数值预报、航空气象产品等于一体的展示平台，加强系统的创新性、可用性和集约型。

加快自主创新、推进高价值气象数据产品研发与应用调研报告

周自江　谷军霞　孙英锐　曹丽娟　廖　捷　杨和平　张　涛　刘　娜
卞晓丰　戴　晴　陈文琴　王蕙莹　陈　楠　朱　智　刘雨佳

（国家气象信息中心）

为贯彻落实国务院《气象高质量发展纲要（2022—2035 年）》，中国气象局印发了《国家气象信息中心高质量发展实施方案》，明确建设高价值大数据产品体系任务，旨在推动气象数据实现从"快速汇聚"到"高质量发展"，再到"高价值应用"的跃变，从而全面提升气象数据在预报预测预警和科技创新中的驱动作用。深入调研高价值气象数据产品在气象业务服务与科研中的应用现状及需求，破解业务链条中数据流存在的堵点，提高自主供给能力，是气象数据业务高质量发展的迫切需求。

一、调研的组织开展情况

精心设计调查问卷，全面了解气象业务科研需求。面向全国（特别是省级）气象部门，设计了包括数据资源、产品研制、应用需求、科技创新和人才培养四方面 62 题调查问卷。调查问卷获得 31 个省（区、市）气象局积极响应。综合分析结果将有助于全面了解基层一线气象数据需求。

广泛查阅文献信息，跟踪了解国际同行发展动态。调研欧洲中期天气预报中心（ECMWF）、美国国家海洋和大气管理局（NOAA）等国际先进数据中心的数据研发计划，了解 ECMWF"数字孪生地球"、WMO 和欧美国家出台的人工智能发展计划，便于在较高起点上探索我们未来的发展路径。

分头开展实地考察，深入分析国省市县应用短板。调研组成员分别赴地球系统数值预报中心、人工影响天气中心，以及安徽、福建、青海、天津、江苏、浙江、西藏等省（区、市）气象局进行实地调研，了解各级气象部门对高价值数据产品的业务应用、服务保障和发展需求等。

现场解决实际问题,着力推进数据产品精准应用。针对因国省上下游、左右岸的新业务系统参数信息不对称而导致的数据流不畅问题,调研组立即解决。例如,针对部分市县业务人员不太熟悉天擎账号申请和天擎实况获取方法等,现场开展快速培训;对于某些单位全球实况分析产品获取问题,也现场得以确认和解决。

及时研讨各类素材,多维推动调研成果转化应用。依据调研获取的第一手资料,推动成果写入《中国气候数据集建设工作方案(2023—2025年)》《高价值气象数据产品研制指南》《发展气象人工智能技术工作方案(2023—2030年)》等。同时,根据调研的新需求,主动调整重点创新团队和青年团队建设方案,组建中心创新团队,优化高价值气象数据产品谱系,完成国家气象中心急需的大气成分实况分析产品业务准入。

二、高价值气象数据产品应用情况

"十三五"以来,依托信息化工程和国家气象科技创新工程等,国家气象信息中心联合相关单位,集中攻关气象资料业务关键核心技术,在数据质量控制与评估、多源数据融合与同化、大气与陆面再分析产品研制等方面均有较大突破,形成一批高质量的数据产品。但是这些产品是否真正支撑了天气气候业务,是调研组关注的第一个核心问题。

(一)高质量基础数据集已成为业务科研的基石

气象业务和科技创新对直接观测资料的信任度要高于其他数据产品。国家气象信息中心致力于夯实基础气象数据质量,确保源头数据安全,形成了多圈层、长序列基础数据集及核心要素统计产品和均一化产品139个。新版高质量基础数据集已得到广泛认可,在国省气象业务和科技创新中应用成效显著,科学再现了气候变化核心指标,面向社会的共享效应一直处于领先地位。

(二)第一代再分析产品已成为国产替代的龙头

长期以来,我国一直缺乏自主研发的再分析产品。2020年,由国家气象信息中心牵头研发的CMA-RA通过中国气象局业务准入评审,在国家级业务中实现国产替代。截至2023年已有稳定用户534个,数据服务总量17.4T。调研用户认为,CMA-RA具备国际第三代水平,在青藏高原地区更有优势。

(三)实况分析产品为智能预报提供可信的"真值"

智能网格预报是新型气象业务技术体制改革的重要抓手,需要高时空分辨率、高精度的网格化实况作为支撑。经过 15 年的技术积累,国家气象信息中心研发的全球及区域实况产品已达 190 个,为 0～30 天无缝隙智能网格预报提供初始场和检验场,特别是在"23·7"京津冀极端强降水过程中,利用实况分析产品及时插补灾区站点雨量,保持了测站降水连续性和预报服务,评估表明插补的全过程总降水量仅偏低 7.73%。问卷调研结果显示,23 个省份智能网格预报依赖于实况分析产品,18 个省份在数值预报检验中应用实况分析产品,还被作为智能预报技术大赛检验评判的"真值"。

(四)专题应用产品已成为重大保障靶向服务的利器

针对极端天气防灾减灾、重大活动和突发公共事件的保障需求,国家气象信息中心以上述三类数据产品为基础,发布了包括 1642 个基础图层的基础数据一张图,发布了历史极值一张表,以二维、三维形式科学表达大气运动的状态、结构、成分和极值等。调研发现,用户群已覆盖国家气象中心、国家气候中心以及浙江、陕西等 18 家单位,并在中国—中亚峰会、北京冬奥会、西安十四届全运会、川藏铁路等专项服务中受到好评。

(五)人工智能训练基准数据正孕育智慧气象的新动能

新型气象业务技术体制改革正在加速构建"以数值模式为基础,物理驱动与数据驱动相结合的'双引擎'",人工智能(AI)在各个关键环节逐步起到支撑作用。国家气象信息中心研发的智能应用训练基准数据集已在国家气象中心等 5 个国家级业务单位及北京、浙江等 10 个省份应用。调研发现,基于该训练数据集的降水预报效果优于传统方法,雷暴大风落区预报与实况更吻合。

(六)"天擎"已成为"好用数据"至"用好数据"的推进器

随着新型气象业务技术体制改革的推进,基于"天擎"云原生的气象数据产品自动化加工流水线得到大幅提升。在这样的背景下,封装国家级多源融合技术,向省级"天擎"延伸部署气象实况分析工具,可将省级本地 1 千米产品时效提升到 3 分钟以内。问卷调研结果显示,全国 31 个省(区、市)均已完成省级工具安装部署。

综上所述,国家气象信息中心高质量数据产品确实较好地支撑了气象核心业务服务与科技创新。但是,通过调研也发现产品在质量、精度、稳定性和时效性等方面仍存在不足。比如,长序列全球表面温度数据产品在南极区域存在部分异常值;实况分析产品在复杂地形、海陆交界等地区误差较大;新型垂直观测资料质量控制与融合应用不充分;部分省级本地化实况分析流程不够集约,时效较低等。有 7 个省明确指出,网格实况分析产品距离"真值"还有差距,亟须改进提高。

三、高价值气象数据产品的发展趋势与应用需求

如何把握住高价值气象数据产品的业务需求和技术发展态势,做到有的放矢,加快研发,实现气象核心业务和科技创新源头数据安全可控,这是调研组关注的第二大核心问题。

（一）国际发展趋势

1. 高质量基础数据是气象业务创新发展的基本保障

回顾气象发展史,一条主线是非常清晰的,就是依赖信息系统实现对当前和过去地球系统观测资料及反演产品的获取、交换、管理和处理,从而支撑多时空尺度数值分析和天气气候预报预测。欧美发达国家研发了覆盖气候系统核心圈层 54 个基本气候变量（ECVs）的基础数据集。美国 NOAA 每年研制发布的高质量小时基础数据集及长序列气候数据集是数值模式同化、天气气候监测及极端事件检验评估的重要基础。目前,IPCC 评估报告及 WMO 发布的《全球气候状况声明》等权威气候变化科学信息主要采用英国、美国等发布的长序列气象数据产品。

2. 融合和同化分析是气象数据产品研发的核心技术

通过多源数据融合技术或利用数值模式进行资料的分析与再分析,获得质量可靠、空间覆盖完整、分辨率高的数据产品,依然是气象数据产品研发的核心。在三维大气网格化实时分析方面,美国 NOAA 正在研发新一代三维中尺度实时分析系统（3D-RTMA）,可对气压层气象要素、气溶胶及强对流等产品进行快速分析。在表面分析方面,美国 NCEP 研发了实时中尺度分析系统（RTMA）,提供 2.5 千米分辨率的天气要素分析。美国国家强风暴实验室（NSSL）开发了多源降水分析系统（MRMS）,生成 1 千米分辨率、2 分钟更新降水等产品。在海洋分析方面,英国气象局研发的海温海冰分析业务系统（OSTIA）,利用多颗静止卫星、极轨卫星、浮标、船舶等多种观测生成了 6 小时分辨率的海温融合分析产品。在再分析方面,欧洲中心正在将其下一代再分析产品打造成为全球第一个业务运行的气候系统耦合再分析系统。

3. 人工智能分析是气象数据产品研发的时代趋势

WMO 和欧美国家纷纷出台人工智能发展计划,促进 AI 在气象领域的深度融合应用。围绕预报预测应用场景,英伟达公司和谷歌 DeepMind 研究所分别发

布了"Fourcast"和"GraphCast"气象预报大模型。2022 年 10 月以来,国内的"盘古""风乌""伏羲"等气象预报大模型也陆续问世,均展示出了较好的预报潜力。剖析上述大模型训练数据特征,它们均以 ERA5 作为训练数据集,即它们对高质量同化分析场还是有较强的依赖,只是在预报环节用智能算法代替了模式积分。此外,德国、加拿大科学家的研究成果表明,相对于传统的数理分析技术,AI 对缺测数据插补和对极端天气极值的甄别更具优势;科学家们还利用 AI 对中小尺度天气系统进行降尺度分析,得到了很多微尺度特征信息。因此,随着人工智能技术在气象领域中的深度应用,研发面向人工智能应用的高质量训练基准数据集及实况分析场,支撑气象预报大模型发展,是迫切需要开展的先导性任务。

(二)气象核心业务需求

1. 预报预测预警业务需求

2022 年梳理国家气象中心、地球系统数值预报中心等单位"十四五"期间核心天气业务产品需求 16 项 214 种。通过此次调研,动态跟踪了解国家气象中心、地球系统数值预报中心、公共气象服务中心、人工影响天气中心等单位核心需求变化,新增需求 8 项 176 种,累计达 24 项 390 种,2022 年底实况产品自主支撑比例达 59.0%,2023 年底达到 80%。

省级业务单位基于省级多源融合实况分析系统 V1.0 研发降水、气温等省级本地化产品,分辨率达 1 千米/10 分钟、时效 2～3 分钟。但为进一步提升流域、区域观测资料稀疏区实况保障能力,希望实现降水融合从地面、雷达二源融合升级为地面、卫星、雷达三源融合,时空分辨率由千米小时级提升到百米分钟级。

2. 气象服务业务需求

气象服务首要任务是筑牢气象防灾减灾第一道防线。从调研情况看,面向"早、准、快、广、实"的气象防灾减灾要求,预报员更希望用高时效、高分辨率、可视化的气象实况场景,开展沉浸式的短临预报预警服务;建议"气象实况外推"替代"雷达反演外推"开展气象预警试验;多个省会城市气象局希望带有城市冠层的多维精细化气象实况和基础信息。

赋能"气象+",是气象服务生产、生活和生态文明的重要任务。围绕粮食安全,需开展分作物、分灾种的农业气象灾害智能网格监测产品研制。围绕能源安全,需开展边界层分层温、湿、风场以及辐射等产品研制。围绕交通安全,需开展影响交通安全的浓雾、低温结冰等衍生数据产品研制。围绕生态良好,需融合应用多源大气成分观测数据,开展大气化学实况分析和再分析产品研制。

四、推进高价值数据研发的对策建议

产出高价值数据产品,支撑智能预报、智慧服务和气候变化监测等气象核心业务,确保气象业务科研源头数据安全,是气象数据产品研发的基本定位。

（一）优化高价值产品研发顶层设计

一是跟踪国际发展趋势和业务发展需求,动态调整高价值数据产品谱。二是提升核心业务的数据产品自主供给率,为天气气候业务提供高时效、高质量、高精度、高价值的"好用数据"。三是完善高价值数据产品业务应用机制,加快数据产品业务准入,推动业务准入产品在国省核心业务中的应用。

（二）组建国省高价值数据产品研发联盟

在充分发挥气象实况分析重点创新团队和高价值气候变化数据产品研发与应用服务青年创新团队的核心技术研发引领作用的同时,进一步联合国家级省级业务单位、科研院所、高校,构建国省高价值产品研发联盟。

（三）以点带面推动地球系统数据产品研发

一是抓住"全球—区域—局地"一体化气象实况分析重点产品研制,提升产品数据源和研制技术的自主可控水平。二是拓展地球系统多圈层产品研发,研发业务可直接使用的综合诊断分析产品等专题产品。三是带动国产卫星资料和新型资料应用技术发展,提升实况分析产品中我国自主卫星资料占比。

（四）在现代信息技术融合应用中发挥先导作用

一是建立 AI 算法库。二是构建实况分析 AI 大模型,研发面向多场景应用的长序列、高时空分辨率的高价值数据产品。三是有效支撑人工智能技术在监测预警、预报预测、数值模式、专业服务和信息网络业务的深度融合应用。

（五）创新"三评"机制,加快成果转化

一是健全以业务转化为导向的科技成果评价机制,促进高质量高价值数据产品经过实际业务应用的真实检验。二是促进产品自身迭代研发,形成能够满足更多业务需求场景的市场化数据产品。三是加大科技成果转化力度,提升"好用数据"的社会价值和经济效益,切实推动气象事业高质量发展。

福建加快气象服务特色发展，打造"全链条"智慧气象服务研究调研报告

冯　玲　林卫华　刘　静　陈艳蝶　胡　恒　杨苏勤

李丽蓉　陈筱涵　程　思

（福建省气象局）

为落实习近平总书记关于调查研究的重要论述，全面对标对表党的二十大及福建省委省政府决策部署，找准福建气象服务特色发展赛道，精准发力，加快推进气象服务数字化转型发展，打造"全链条"智慧气象服务，调研组围绕气象为农及文旅融合发展的服务产品和供给模式、"一市一中心"特色发展定位、业务服务支撑体系、科研和人才队伍建设等方面，先后前往湖南、云南等5个省气象部门和本省有关部门，并深入基层气象部门开展调研，通过实地考察、走访座谈、查阅资料和问卷调查等形式，广泛深入企业、景区和一线种植户、生产者、经营者、景区服务人员等开展调研，加强部门间联动协同，抓好调研成果转化和整改整治，合力推动福建气象特色服务高质高效开展。

一、调研总体情况

（一）科技引领，改革创新，江浙沪提质增效发展气象服务

江苏省和南京市气象部门联合研发风险评估等新技术新方法，打造南京市气象保障服务平台，面向政府决策、专业用户和公众建立领导驾驶舱、行业操作间、市民服务台3类34个插件式数字化应用场景。浙江气象部门建立二级专业气象服务中心，找准供需结合点，研发了航线、航空、潮汐等预报系统；宁波建立港航"1314"气象服务模式。上海气象部门研制"智慧气象保障城市精细化管理先知系统"，将普查成果融入城市精细化治理和韧性城市建设；与民航、交通、农业、卫生健康等部门联合完善"阈值矩阵"。

（二）发挥优势，开放合作，湘滇深耕细作发展气象服务

湖南气象部门1990年专门成立了两系法杂交水稻气象科研协作组，隶属于袁隆平院士的两系法杂交水稻科研团队，持续研发杂交水稻制种气象服务平台，编制特色作物的农气观测规范，发布国家标准、出版专著，培训培养一批批省市县农业气象人才。云南气象部门打造面向南亚东南亚气象服务窗口，研发省市县一体化旅游、交通、农业气象服务平台，组建云南省高原特色农业气象服务中心等，开展"云字牌"高原特色农产品精细化气象服务。云南省"中国天然氧吧"37个，居全国第一；中国气候宜居城市5个；避暑旅游目的地5个。

（三）需求牵引，科技协同，漳州福清多措并举发展气象服务

漳州气象部门与福建省气象科学研究所、福建省热带作物科学研究所、闽南师范大学数学与统计学院等科研院所协同研究，省、市、县三级联动研制闽南区域现代农业气象业务服务平台。在漳浦国家级台湾农民创业园建立"对台农业气象信息技术应用示范基地"。福建省"气象科技帮帮团"直播解密咖啡种植中的气象密码，科普"世遗星空萤火虫"景观预报等，观看量超过150万人次。福清气象部门与农业农村、保险等部门深度合作，研发茶叶生产销售发展"全链条"精准气象服务产品，提供茶叶生长、采茶等关键时节"量身定制"的气象方案。应用灾害普查成果，研发枇杷低温冻害气象指数保险，提出合理化理赔比例。2021年和2023年受冻灾的种植户获得保险赔偿分别为917.8万元和1777万元。

（四）问卷调查，摸清底数，气象服务特色农业和文旅经济

气象为农问卷调查显示，从聚焦当地特色产业看，有60个县（市、区）分别聚焦水果23个、茶叶19个、蔬菜4个、水产养殖10个、水稻制种3个、烤烟5个。从服务区域分布上看，水果和茶叶各地市均有分布，水产养殖主要在沿海县市，水稻、烤烟主要在西部和北部地区。从农业气象专业服务人数看，全省仅31人。近5年，农业气象科研项目有30项，经费440.3万元。

文旅融合问卷调查显示，全省共有151处林木花期观赏点、122项特定农事文化活动、183个天气气候景观点、65项户外休闲娱乐点、10处候鸟萤火虫物候景观等文旅资源景观，配合100个"气候福地"，13个"天然氧吧"，全省文旅气象服务市场广阔，附加值极高。但全省旅游气象监测站点仅有57套，且多为负氧离子观测，观测要素单一。

二、发展现状分析

（一）高位推动特色现代农业气象服务高质量

特色现代农业智慧气象保障、现代农业气象信息技术应用、农业气象服务标准化等任务纳入《福建省"十四五"特色现代农业发展专项规划》《福建省实施乡村振兴战略规划（2018—2022年）》等多项规划，各地政府农村气象灾害监测和防御能力列入福建省委省政府实施乡村振兴战略实绩考核中。强化与农业农村等部门"五个联合"，即联合发文、联合会商、联合服务、联合组团、联合建设。

例如，大力推进1个国家级、3个省级特色农业气象服务中心建设。重点围绕安溪铁观音、平和蜜柚等10个重点现代农业产业园和武夷岩茶等8大优势特色产业集群，编制《福建省特色农业精细化区划》，开展20多种作物种植精细气候区划、10余种作物气象灾害风险区划、编印百香果高优栽培技术手册等。建设由100多套农田小气候站等设备设施构成的多个农业气象专业观测网。"特色热带果树关键气象保障技术研究与应用"获福建省科技进步二等奖，科技成果在云南、广东、贵州等6省（区）推广应用，近3年减损增效超14.36亿元。

（二）联动促进智慧农业气象服务提质增效

福建杂交水稻制种面积、产量均居全国首位，满足了全国杂交水稻种植面积25%以上用种需求。作为中国气象局水稻制种气象服务试点省，与省农业农村厅签订合作备忘录，省市县农业农村、气象部门共同优化水稻制种气象服务，开展分区域、分作物、分灾种、分时段的气象服务。制作全国首档气象服务"三农"节目《福建"三农"气象》，面向政府、农业生产从业者、新型农业经营主体和广大农户，提供精细化、直通式农业气象信息服务。2023年联合举办武夷山岩茶采摘关键期数字气象智能预报技术应用大赛，让茶农、茶企实现了从"凭经验做茶"到"看数据制茶"的跃升。打造漳平、漳浦等台创园，以及寿宁下党乡等11个省级气象服务示范点，派出科技特派员28人，枇杷气象科技特派员工作案例获福建省政府表彰。

例如，以当好建宁县水稻制种"气象管家"为目标，深入制种企业、专业合作社、经纪人、保险公司等调研需求，多元投入建设22套农田小气候站覆盖建宁县水稻制种面积15.5万亩（15亩＝1公顷），研制气候风险分析技术、时空择优技术等，科技成果应用于福建省10个水稻制种大县扩面增量，筛选不同制式不同品种的关键期生产安排。2022年，服务建宁水稻制种人员50万余人次，为农民直接增收1400万元。

（三）创新驱动土特产产业发展和风险保障

构建特色农产品气候品质定量化评估技术，建立枇杷和蜜柚等气候品质认证模型，将气候资源优势转化为产业发展优势。率先在全国人保财险系统内落地"农业保险气象信息应用平台"。面向福建省土特产，相继推出蔬菜、枇杷、中药材、花卉等气象指数保险产品和农业气象巨灾指数保险产品共计70多项，为近1.6万户次农户、合作社及企业提供风险保障6.55亿元。福建"农作物气象因子保险"荣获"2018年度福建十大金融创新项目"奖，"福建省农作物种植天气指数保险项目"荣获农业农村部2019、2020年度金融支农创新奖。

例如，为安溪县、武夷山市、福鼎市、寿宁县等65家茶企，莆田枇杷、平和蜜柚、长泰和漳浦青枣等12家特色水果种植基地提供气候品质认证服务，共颁发"气候优质农产品"牌匾85块，气候品质认证证书100张，提供溯源二维码176.3万枚。其中，安溪39家茶企49批次高端茶叶销量约增加10%～20%；漳浦石榴镇2889户种植户6428亩青枣亩产值增收20%，果农增收3200多万元。

（四）创新实践"气象＋文旅"融合发展新格局

深化"气象＋文旅"融合发展理念，把福建气候生态优势转化为文旅经济优势，推动福建全域旅游产业高质量发展。文化和旅游部将"清新福建""四时福建"旅游品牌纳入国内旅游宣传推广。一是全国首创重点A级景区"清新指数"产品，量化提升"全福游、有全福"品牌。全国首家定制卫星遥感空气清新度分级标准、率先发布卫星遥感空气清新度监测报告，发布清新指数预报，以权威专业的数据擦亮"清新福建"名片。二是气候标志品牌释放生态红利。围绕"天然氧吧""气候福地""气候景观"三大气候标志品牌创建，充分发挥武平等13个国家级"中国天然氧吧"品牌效应，全国首创德化九仙山雨雾凇和云海、霞浦三沙海上日出日落、平潭北港蓝眼泪、南靖县土楼星空等气候景观最佳观赏期预报，全国率先联合推荐100个"清新福建·气候福地"。三是气象科技赋能"四时福建"。建立人工智能识别模型、预报模型，研发高山云海、雨雾凇、星空萤火虫等关键预报技术，解析气象景观的"生""消"规律，让福建"一山有四季，十里不同天"的气象奇观"可遇可求"，引导海内外游客"精准"游福建。

三、存在的问题和不足

进入新发展阶段，气象服务特色发展仍然面临一些不足和短板。一是优质的气象服务特色产品和供给模式创新不足。融入数字经济发展不够深入，"气象＋"赋能数据服务产品与经济社会和产业发展各领域的深度融合及良性发展支撑不足。二是"一市一中心""一县一品"特色发展定位尚不清晰。尚未解决单兵作战、各自为伍状态，统筹各类资源和多方科技协同不够。三是气象服务特色发展业务技术支撑体系尚待建立。与特色现代农业、生态气候旅游产业发展相关的专业观测站网布局总体规划和标准体系不够健全，尚未形成科研、业务、服务、效益的全链条业务。四是气象服务科研投入和人才队伍建设还有差距。各级气象部门内外"三联促三动"科研合作机制需要强化，多方协同、多元投入保障机制还有待建立，相应的人才培养和激励机制不够完善。

四、建议与对策

（一）提高站位，需求牵引，明确福建气象服务特色发展定位

建议围绕福建坚持打特色牌、走特色路及全域生态旅游省建设，各级各部门要将特色现代农业、文旅经济的气象服务保障、服务标准等任务纳入到各级党委政府的专项规划、战略规划中。各地市气象局联动院校、部门力量，深化与农业农村、文旅等部门合作，"量身定制"特色气象服务中心建设方案。例如，福州数字城市、厦门港口航运、宁德海洋服务、莆田生态文明、泉州高山景观、漳州特色农业、龙岩烤烟生产、三明水稻制种、南平环武夷山带、平潭海天景观，初步形成"一市一中心"特色鲜明的气象服务发展工作格局，支撑县级开展特色气象服务。2023年组织评选2~3个省级特色气象服务中心，汇编10~15个特色气象服务典型优秀案例，及时总结典型工作成效或案例，凝练出在全省可复制、可推广的工作模式或做法，打造2~3个有效益、有成效、有影响力的特色气象服务品牌。

（二）开放合作，多元投入，建立"四有五式"智慧气象服务业务体系

建议强化综合防灾减灾、"一带一路"、生态文明建设、乡村振兴等重大战略规划研究，谋划气象服务"进规划、立项目"，调动政府、部门、用户积极性，多渠道加大对气象服务基础设施、产品技术开发、业务运行和设备维护等保障力度。与农业农村、文旅、生态环境等部门共同谋划实施项目，带动相互间业务协作，基

础数据共享、平台共建、技术合作。探索建立与市场接轨的人才引进机制,引进培养高素质专业气象服务人才。构建"省级技术引领、市级特色中心、县级串联服务、需求效益评估"的三级协同科研、业务、服务、效益融入式循环发展链条,形成"四有五式"的智慧气象服务新业态。

(三)总体部署,示范引领,构建气象服务数字化转型发展新格局

建议积极融入"数字福建"建设,基于生命安全、生产发展、生活富裕、生态良好中的海量数据资源,统一规划布局,打通从需求对接、产品设计到服务效益评价的专业气象服务链条,建立常态化流程机制,在夯实基础底座、强化数据共享、精细数据赋能、精准科技赋智 4 个方面发力。一是推动气象服务数据汇聚共享,建设智慧气象服务基础底座。构建气象服务建设"历史+实况"基础数据库、气象灾害风险数据库、云上气象服务产品库。二是推动"互联网+气象服务",打造气象服务互惠共享体系。基于互联网,建设开放式的智慧气象服务数据平台,塑造"知天气"品牌,将公共气象服务纳入政府公共服务体系,建立集约化气象服务共享数据超市,实现气象服务数据的"汇聚互联、普惠共享"。三是推进气象服务数字化应用场景,实施"气象+"赋能服务行动。稳步拓展大数据应用,重业务实效,融入城市精细治理场景,丰富乡村优政、惠民、兴业场景,以应用场景带动数据整合与分析应用,扎实推进文旅康养、特色农业、丝路海运、能源、烟草等场景数字化转型。四是发展"智能预报+气象服务"新业态,实现预报预警精细化服务。强化数据驱动的智能数字预报,智能识别用户特征、气象产品需求和场景信息,找准决策靶心、贴近公众所向、聚焦行业痛点,将数字气象服务嵌入决策、公众、行业等,智能生成气象服务材料。与多部门共建共享探测设施、数据资料,联合研发灾害预报预警等关键技术,深化数字技术应用,提升气象预报预警服务专业化、智能化、精细化水平。

提升旅游气象服务水平、助力"中国春城"品牌打造的调研报告

王占良　段燕楠

（云南省昆明市气象局）

昆明是中国乃至世界家喻户晓的"春城"，"中国春城"品牌是其他城市不可复制、无可比拟的。2022年5月，昆明市委、市政府召开昆明城市品质提升工作推进会强调，打好"中国春城"品牌，让昆明成为向往之地。为充分发挥昆明得天独厚的气候资源禀赋，提升"中国春城"旅游气象服务国际化水平，助力"中国春城"品牌打造，经昆明市科学发展决策咨询中心立项，昆明市气象局成立调研组，先后赴西安、丽水、南宁等旅游城市考察，赴昆明市文化与旅游局、昆明市大健康办公室以及昆明市导游协会、昆明市旅游协会等部门和单位座谈调研，学习借鉴各地先进做法和经验，结合昆明实际，提出可供参考的对策建议。

一、国内旅游城市气象服务先进做法和经验

（一）深挖气候资源价值，气候品牌成就城市名片

丽水市作为首批"中国气候养生之乡""中国天然氧吧"城市，市政府主导创建"丽水国家气象公园"，组织开展气象旅游资源普查和《基于丽水生态优势的气候养生资源区划与应用》研究，推进气候生态价值转化丽水实践；专门编制《"中国长寿之乡""中国气候养生之乡"品牌推广利用规划》，大力发展生态养生旅游等产业。市气象局在全国率先开展气象景观预报，开发了云雾、早晚霞、观星、养生、物候等系列生态旅游气象服务产品。

贵阳市持续打造"中国避暑旅游城市"品牌。贵阳市创建"中国避暑之都·贵阳"品牌，被中国气象学会授予"中国避暑之都"称号。在全国推广"避暑旅游"，邀请著名歌手孙楠演唱《爽爽的贵阳》；每年举办避暑节，到重点城市宣传"爽爽的贵阳"。气象部门组织开展"贵州省旅游气候研究与应用"课题研究，发

布了中国第一部旅游气象地方性标准《中国避暑旅游气候评价指标体系——贵阳指数》。

(二)推动"旅游＋气象"融合,打造旅游气象服务平台

黄山市建成旅游气象监测预报预警平台,开展精细化天气预报、特殊气象景观(云海、日出、花期、雾凇雨凇、雪景等)预报服务。成都市开发赛事通勤交通旅游气象服务平台,开展气象要素与高影响天气的实时监测与预报预警服务,满足公众休闲旅游与通勤交通对气象服务的需求。南宁市建成旅游景区实景观测系统——天气网眼,对重点景区的实时气象数据(温度、湿度、气压、紫外线、降水等)进行全天 24 小时直播气象服务,并链接至文旅游微信、微博、APP、网站等新媒体。

二、"中国春城"旅游气象服务的现状

(一)创品牌重宣传,深挖康养旅游气候资源见成效

2016 年以来,昆明市石林县、晋宁区、宜良县等 5 个县(市、区)先后建成"中国天然氧吧",2022 年呈贡区、安宁市荣获"中国气候宜居城市"称号,安宁市荣获"中国避暑旅游目的地"称号。通过创建国家气候品牌,借助中央媒体加大康养旅游气候资源营销力度。2018 年采用"省会城市生态名片＋城市景观广告"的方式在中央广播电视总台综合频道和中央广播电视总台新闻频道黄金时间《天气预报》栏目并机播出,助力美丽春城传播全国、走向世界。

(二)建体系增服务,气象服务旅游业发展初步保障

目前,昆明市 3A 级以上景区布设 23 个气象监测站,建成 42 个负氧离子监测站。试点建设轿子山景区生态旅游智慧气象服务体系、全国首个风景区(石林风景名胜区)雷电灾害综合防御体系。旅游、气象部门协作联动机制从未间断。昆明市气象、文旅部门每年联合召开重大节假日旅游天气会商,共同发布旅游、交通气象保障专题服务产品。每年联合部署旅游领域防雷安全工作,开展旅游景区防雷安全专项检查,及时发布旅游景区气象灾害预警信息,有针对性地不断加强旅游气象工作。

三、"中国春城"品牌打造气象服务存在的问题

(一)气候品牌宣传体系不健全,品牌建设缺规划,发展相对滞后

"中国春城"气候品牌没有形成完善的气候宣传体系,也没有分层次的宣传名片,多数人知道昆明是"春城",但难以表达清楚气候优势在哪里。以往"春城"城市品牌建设中,虽提出要"充分发挥气候优势",但如何发挥未体现在具体行动和计划中,"春城"品牌形象长期停留在"四季如春"概念性认知上。打造"春城"品牌过程中关注、挖掘、利用气候资源优势少,气象部门参与缺失。

(二)气候品牌内涵与外延挖掘不深,气象科技支撑能力不足

据最新气象资料统计,昆明市年平均气温已到 15.9 ℃,但 2022 年版《昆明市情》,仍把昆明市年平均气温表述为 15 ℃左右。高层次科普不足,气候宣传仍停留在 20 世纪 90 年代认知上,不能准确反映昆明气候特征,缺乏空气清新度、负氧离子等特征描述,无法彰显优越气候生态。另外,气候景观普查缺失,文旅康养产业规划中气候数据缺乏。

(三)旅游气象综合服务能力较低,不能满足世界旅游目的地服务需求

全市旅游气象监测站网有待补充完善,旅游气象服务产品老化单一。重点景区、高影响天气休闲旅游区域未建成全覆盖的气象监测站网。没有专门旅游气象服务平台和团队,旅游气象服务精细化、人性化、智慧化差距大,针对四季旅游及气象景观赏雪、赏花等特色气象服务产品欠缺。

(四)智慧化、信息化水平较低,尚需攻克供需"最后一公里"问题

目前,气象预报预警信息仅通过公文系统发送到文旅部门,昆明是全国唯一没有开通电视天气预报节目的省会城市,缺少直接面向旅行社、景区及广大游客的直通式气象服务。面向世界知名旅游城市的康养旅游气象服务仍处于起步阶段。

四、助力"中国春城"品牌打造的对策建议

(一)深挖气候优势,彰显"中国春城"气候魅力

一是建立"中国春城"气候评价体系。开展分县(市、区)康养旅游气候资源

评价,发布《旅游康养气候评估报告》,编制《四季如春气候评价指标》等技术规范。二是开展气象景观资源普查利用。普查"云海、云雾、冰雪、风涛、霞光、日出、奇特天象"等气象资源,挖掘打造气象景观最佳观赏网红打卡地。发布"春赏花""夏避暑""秋观叶""冬赏雪"四季旅游气候指南,开展"花期、雪期、海鸥期"等专项气象预报,为全域旅游增色。三是加强气象服务旅游、康养能力建设。针对露营、玻璃栈道等旅游产业发展,提供气候适宜性、气象灾害风险等论证报告,避免重蹈赤水四洞沟夜游项目和甘肃黄河石林越野赛的悲剧发生。在重点康养示范区、特色康养气候资源开发区,补充建设气候监测站,为气候生态价值核算、气候资源挖掘提供丰富的气象数据。

(二)放大气候效应,擦亮"中国春城"气候品牌

一是构建"中国春城"气候品牌宣传体系。构建面向党委政府、气象文旅、社会公众、旅游行业的宣传体系,提升气候品牌传颂度、感染力。在市委宣传部、市文化和旅游局指导下,组织专家审定《中国春城气候品牌宣传体系》。二是打造全国避暑养生第一品牌。权威发布《昆明市避暑旅游气候资源评估公报》,开发特色避暑旅游目的地和避暑旅游路线,打造"中国最适合避暑"省会城市品牌。三是争创国家气候标志品牌,建设本土康养气候品牌。支持县(市、区)创建"中国气候宜居城市(县)""中国避暑旅游目的地"国字号气候品牌。推出昆明市气候康养小镇、气候宜居旅宿小镇等地方气候品牌。四是强化气候营销宣传。借助2023中国国际旅游交易会、中国—南亚博览会等,加强气候品牌外宣。策划网络气候热门话题,凸显"春城"康养优势。组织"春城"气候征文、气候主题导游大赛,让"天天是春天、无处不飞花"的气候风光成为乡愁。五是创建云南首家"国家气象公园"。在春城公园、轿子雪山景区打造国家级气候科普宣传教育基地。

(三)聚焦旅游康养,创新"中国春城"气象服务

一是创新旅游特色气象服务。开展景区(点)观花期预报、气象景观预报、旅游气候舒适度预报等服务。创新重要节假日、重点旅游景区灾害性天气气象服务产品,创新全域旅游大众所需的气象服务产品。二是创新对外品牌赛事安全旅游气象服务。利用上海合作组织昆明马拉松等品牌赛事载体,全方位开展赛前、赛中、赛后气象保障服务和气候宣传营销。三是创新直通式旅游气象服务。开发昆明市智慧旅游气象服务平台。在AAA级以上景区(点)、重点旅游集散中心显著位置设置"扫码知天气",打造直通式气象服务。在"昆明文旅"微信公

众号、"一部手机游云南",为旅游行业直通式发布旅游气象信息。四是创新健康养生气象服务。强化"在春城昆明,过健康生活"理念,创建医疗气象预报,增进人体健康养护气象服务。创建养老气象服务产品,融入社区居家健康养老服务体系。

(四)落实行业责任,打造"中国春城"气象先行

一是广泛推广应用最新气候研究成果,权威发布"中国春城"《四季旅游气候指南》《气候十八怪》等气候科普成果,创办首家地方天气气候短视频节目。二是组建"中国春城"气象服务团队,优先推进旅游康养气候资源挖掘和论证、评估和公报工作。加强政校合作,强化旅游康养产业发展气象保障研究。

(五)加强组织领导,强化"中国春城"气象保障

一是政府主导。将"中国春城"气候品牌打造、旅游气象服务纳入旅游业、大健康产业发展年度计划,加强气候品牌宣传营销,支持开展气象景观普查及观赏地打造,加快智慧旅游气象服务平台建设。二是部门联动。梳理"中国春城"气候品牌打造气候资源利用和气象服务需求清单,明确时限和任务,举气象、文旅等多部门之力,高质高效推进旅游气象社会服务现代化。

加强预算管理促进气象高质量发展调研报告

曾建辉　米红波　詹　敏　肖岱立　肖　萍　李　振
曹小川　文　烜　毛柳杨　周　文　王　週

（湖南省气象局）

为全面深入了解湖南省气象部门预算管理和双重计划财务体制（简称"双财"）落实现状，改进和加强预算管理工作，提出针对性工作建议，湖南省气象局成立专项调研组。通过问卷调查、分组走访、现场座谈等方式，对永州、长沙、娄底、益阳、怀化5个市气象局，东安、沅江、浏阳、冷水江等17个县气象局进行了实地调研，对全省气象部门119个中央和地方预算单位进行了书面调研。

一、调研背景及方法

（一）调研实施概况

2023年5月，确定了本次调研主题，并成立了调研工作组；完成了调研工作方案、调研问卷等调研前期准备工作。6月中旬，向湖南省气象部门119个中央和地方预算单位发放调查问卷。6月下旬至7月上旬，调研组赴5个市气象局、17个县级气象局开展实地调研。7月中旬至7月下旬，在前期调研的基础上，进行系统分析，归纳总结，最终形成本调研报告。

（二）调研方法

1. 问卷调查

设计调查问卷，全面了解湖南省气象部门预算管理现状。

2. 座谈研讨

深入部分市州、县级气象部门开展实地调研和座谈，主要了解基层气象部门预算管理和资金需求现状、现行"双财"管理制度落实情况、预算执行情况、项目建设等情况和存在的问题。

3．数据分析

对全省气象部门 2022—2023 年中央、地方财政资金投入情况，专业气象服务收入情况，存量资金情况，人员经费需求和资金缺口进行统计和分析。

4．归纳总结

在前期调研分析的基础上，科学、全面、综合地分析湖南省预算管理取得的成果、经验、教训，发现共性、总结规律、解决问题、消除隐患，探索提升湖南省预算管理的思路、模式、步骤、举措和途径，形成高质量的调研报告成果，为下一步决策部署提供参考建议。

二、调研结果分析

（一）中央财政资金和地方财政资金投入、专业气象服务收入情况

调研统计数据显示，湖南省气象部门 2022 年中央财政收入 40368 万元，地方财政收入 39384 万元，专业气象服务收入 12027 万元。2023 年中央财政预计收入 47038 万元，地方财政预计收入 37200 万元，专业气象服务预计收入 9957 万元。2023 年较 2022 年全省气象部门中央财政收入增长 6670 万元，增幅为 16.52％，增长主要为基建项目经费的增加，其他类经费与 2022 年基本持平；地方财政收入减少 2184 万元，降幅为 5.55％，下降主要为维持类项目经费和公用经费的减少，虽然基建项目经费有增长，但增长幅度不足抵消维持类项目经费等的下降幅度；专业气象服务收入减少 2070 万元，降幅为 17.21％。

通过分析发现，中央财政收入继续延续稳中有增的态势；地方财政受经济下行压力影响，有不同程度的压减开支，资金结构调整较大；专业气象服务受市场环境影响，收入增长后劲不足，反哺气象事业能力下降，不能有效弥补财政资金人员经费缺口。

（二）湖南省气象部门现行"双财"管理体制落实情况

调研统计数据显示，湖南省气象部门 119 个中央和地方预算单位中，38 个单位（占比 31.93％）2023 年地方财政收入较 2022 年有增长。通过分析发现，湖南省地方财政保障存在地区发展不均衡的现象，上述 38 个单位主要集中在省本级，以及长沙、株洲、郴州等经济较发达的地区。例如，2023 年省级财政预算资金较 2022年增加 0.91 亿元，增长 131.88％，创历史新高；长沙地方财政对气象部门人员经费实行兜底保障。经济不发达或欠发达地区有两极分化的现象，永州、邵阳等地区

地方财政统一安排了执行属地政策的绩效奖金等人员经费；娄底、怀化等地区气象部门职工2022年绩效奖金因地方财政未安排资金，尚未足额发放到位。

从实地调研情况来看，41个被调研单位全部纳入地方财政预算，其中开立地方零余额的单位6个，占比14.63%；地方财政预算中安排了人员经费的单位14个，占比31.15%；地方财政下达资金未明确资金使用性质的单位27个，占比68.85%。被调研单位与问卷调查统计结果基本一致，人员经费较为紧张。被调研单位2022年人员经费存在缺口的单位40个，占比97.56%；人员经费缺口超过4万元/(人·年)的单位11个，占比26.83%，普遍存在用地方安排的维持性经费或结余的事业基金弥补人员经费缺口的现象。

（三）湖南省气象部门存量资金情况

调研统计数据显示，2022年全省气象部门年末结转结余资金29330.48万元，其中基本支出结转结余3408.92万元，项目支出结转结余25921.56万元。

基本支出结转结余中，中央财政结转结余13.88万元，占比0.41%；地方财政结转结余3395.04万元，占比99.59%。

项目支出结转结余中，行政事业类项目结转结余13575.5万元，占比52.37%；基本建设项目结转结余10972.12万元，占比42.33%；科研课题项目结转结余1373.94万元，占比5.3%。

通过分析发现，湖南省气象部门中央财政结转结余资金规模逐年下降，但是地方财政结转资金规模仍然较大，年末结转结余资金主要为项目支出结转结余。在部分地方政府财政吃紧、预算大幅压减的情况下，气象部门一方面经费缺口大，另一方面存量资金居高不下，反映出各单位在项目预决算管理、项目支出进度控制和申请地方财政拨款等方面的不足。

三、湖南省气象部门预算管理成效

（一）部门收入稳定增加

近年来，随着国家、地方各级政府对气象事业发展的高度重视，财政拨款总体呈现逐年增长的态势。2018—2023年，部门收入年平均增长2.14%，其中政府财政拨款年平均增长3.12%；财政拨款占总收入比例由84.99%上升至89.43%，有效保障了气象事业发展；专业有偿服务攻坚克难，有效补充了气象事业发展经费的不足。

（二）落实"双财"体制成效明显

近年来，湖南省各级气象部门积极向地方政府汇报，均获得地方财政支持，在疫情和经济下行压力的影响下，2018—2023 年，各级气象部门地方财政拨款年均增长 2.91%，地方财政拨款占总收入比例由 37.94% 上升至 39.49%，取得如此成绩实属不易。特别是省财政预算，2021 年在全省各部门压减预算的情况下，湖南省气象部门预算未压减，2021—2023 年省财政常规预算年均增长 5.61%，"气象应急预警系统运维及信息精准靶向发布""防雷行政审批服务经费""飞机人工增雨作业""高分项目维持经费"4 个项目先后纳入地方财政维持类项目预算。

（三）项目投资连创新高

近年来，湖南省坚持以规划引领项目建设、以项目建设带动发展，重大项目建设成效明显。2018 年以来，中央投资 5.2 亿元，主要开展了台站、天气雷达、山洪等项目建设。省级投资 11.157 亿元，主要开展了湖南省气象灾害预警信息化工程、高分卫星气象应用中心建设、新一代天气雷达、三站搬迁及湖南分院提质改造等项目建设，特别是 2022 年完成立项的湖南省气象灾害预警信息化工程项目，成为湖南省气象部门单项投资额最大、覆盖领域最广、建设内容最全面的项目。各市州气象局"十四五"规划项目落实有成效，已明确投资 5.03 亿元，其中"十三五"规划续建项目 8 个，投资约 2.24 亿元，"十四五"规划项目 36 个，投资约 2.79 亿元。

（四）预算管理规范有效

积极参与财政体制改革，着力预算管理能力提升，湖南省气象局连续 3 年被财政部湖南监管局评为"年度预算管理先进工作单位"。2023 年被省财政厅评为"全省农财工作绩效考核优秀单位"。一是用制度规范预算管理。印发《湖南省"十四五"气象台站基础能力提升规划》《湖南省气象局预算管理工作规程（试行）》等制度性文件，从台站建设、预算管理等方面服务气象高质量发展；强化预算刚性约束，严把支出关口，严格按预算执行，严禁无预算、超预算支出。二是用预算保障高质量发展。建立气象观测设备建设维持迭代机制，补短板工程预算中考虑 8 年质保费用，保障观测设备正常运行。高分卫星气象应用中心建设项目建成后，向省财政申请每年 200 万元的维保费用，有效保障技术服务迭代升级。三是用绩效管理提高质量效益。通过预算绩效管理制度体系建设，提升部门预算绩效管理水平;通过计财业务系统、业务管理系统、资金监控系统等信息化手段,提升绩效运行监控效率;通过开展整体支出绩效评价,提高项目评价的覆盖率和评价深度,牢固树立"花钱必问效,无效必问责"的理念。

四、预算管理中存在的突出问题

(一)中央财政保障力度还不够

近年来,中央财政经费保障力度有所加强,但主要增加在基建项目经费上;基本支出只保障了人员的基本工资、国家规范津补贴和部分缴交经费;常规运维费只保障了单位基本业务运行经费。目前中央财政资金缺口主要在以下几方面:事业人员工资中央应保部分只保障约90%,事业人员医保经费未安排,二类和未分类事业单位的社保资金未安排;公用经费人均定额远低于地方定额标准。此外,在职人员公积金存在较大缺口,因绩效改革将月绩效纳入社保基数后又形成了新的资金缺口。

(二)地方财政资金保障压力较大

一是部分地区地方财力有限。受疫情影响,地方经济下行压力大,部分单位的地方财政预算被连续多年压减。例如,怀化市气象局2019—2023年被连续5年压减常规项目预算,常规预算规模从2019年的182万元压减至2023年的91万元。

二是部分地方政府在理解气象部门财政保障体制上有偏差。由于气象部门为中央垂直管理单位,部分地方政府认为中央在编人员按权属关系应由中央财政对人员经费进行全保,大部分地方财政不安排气象部门人员经费,基层单位使用地方维持类项目经费弥补人员经费缺口时,存在审计风险,同时该类经费还存在优先被地方政府压减的风险。例如,娄底市气象局地方财政预算全部为地方专项资金,2023年市财政对全市专项资金统一压减40%,导致娄底市气象局2023年的经费缺口剧增。

三是地方业务维持经费安排不到位。例如,基层台站搬迁等建设项目,中央和地方财政均只安排了项目建设经费,建成的新观测站缺乏后续运行维持经费的支持。

(三)专业气象服务收入弥补气象事业经费能力不足

"放管服"改革之后,政策、资源、环境变数大,一锤子买卖多,同时没有形成新的优势产业,发展难以持续。曾经作为气象服务收入主体的防雷科技服务收入呈断崖式下滑,专业气象有偿服务近年来发展形势不容乐观,"96121"声讯收入等传统收入逐年下降。

（四）落实气象部门同城待遇难度大

近年来,地方政策津贴补贴占人员工资的比重越来越高,部分地区气象部门尽管地方财政安排了经费,但由于没有安排或没有安排足额的人员经费,而用于弥补人员经费的存量资金面临枯竭,造成个别单位因无资金来源,职工上一年度的绩效奖金至本年7月尚未发放,导致工资收入比当地同等单位低20％～30％,同城同待遇落实不到位。通过初步测算,目前湖南省气象部门全年共需人员经费约4.9亿元,各级财政投入和单位创收解决约3.7亿元,尚有缺口1.2亿元。

五、推动预算管理的建议

（一）进一步做好地方气象事业经费保障工作

2023年9月,湖南省财政厅、湖南省气象局联合印发《关于进一步做好地方气象事业经费保障工作的通知》(简称《通知》),是湖南省首次以部门联合发文的形式对全省地方气象事业经费保障工作提出要求,是贯彻落实《湖南省人民政府关于推动气象高质量发展的实施意见》的重要举措,为市县气象部门推动气象高质量发展工作提供了强有力的财政保障政策支持。

《通知》出台后,要求各级气象部门抓住机遇,充分把握和利用好政策文件,向地方党委政府和财政部门做好《通知》有关精神的汇报和沟通工作,进一步落实气象双重计划财务体制。建立气象设施更新和管护机制,争取将维持和发展地方气象事业所需的基本建设投资和事业经费纳入同级财政预算予以保障。尤其是气象部门职工的有关补贴等福利待遇问题,要争取按照本地标准解决。要主动加强与财政部门的合作,推进各市县经费保障工作落实。

（二）有效提升综合预算的科学性

一是从严编制预算,认真落实党中央"过紧日子"的有关要求,保障机构运转和基本业务运行刚性支出,加大对基层气象台站的投入。二是按照预算编制规程,进一步压实各部门职责,对工资项目进行统一规范。三是规范预算项目编报,严把支出关口,强化预算的刚性约束,严禁无预算、超预算支出。四是加大对运维类项目经费的支出管理,重点控制本应在公用经费中列支的各类支出,确保项目资金用于保障业务运转。五是优化支出结构,根据气象改革和气象现代化建设的需求,确保气象现代化重点领域的投入,确保重点工程的实施,确保满足重点任务的需求,把握轻重缓急,在处理好建设与维持、建设与效益关系的同时挖掘资金潜力,集中财力办要事,最大限度地提高资金使用效益。

(三)加强科学管理,盘活存量资金

各单位应从稳定部门预算的全局高度,强化资金资产管理,认真研究盘活存量资金的举措,最大限度地发挥资金效益。应准确预计年底结转资金并全部列入年初预算,提高预算执行效率,加快消化存量资金,提高资金使用效益,明确相应的惩戒措施。对于存量资金大的单位,视情况减少财政拨款控制数,调整用于其他急需资金的单位。

(四)有效提高专业气象服务能力

一是要推动传统气象服务更好地适应新的社会需求。防雷、手机短信、96121等服务目前仍有一定的发展空间,要改进和调整服务供给的内容、方式、渠道,做到应势而动,因势而变,主动作为,继续下大力气深耕细作,力保主体不丢、市场不失、效益不减。

二是要推动中高端项目更快地形成产业集群链。严格按照"前店后厂、内联外合"模式,省级气象部门要进一步了解和掌握市场需求,组织优势力量,加强相关服务产品的研发,争取出精品创品牌;省、市、县三级气象部门要组织精干队伍,组建专业营销团队,强化市场营销,开展"提高效率、提升效能、提增效益"行动,形成产业集群,产生规模效益。

三是要培育推动新经济增长点。要聚焦"六大行动",瞄准国家战略,围绕地方规划,重点在水利水电、电网、交通、气候可行性论证、生态型人工影响天气作业、气象数据服务等优势领域,农业、生态气候、旅游、保险、铁路、新能源等发展兴盛领域,物流、航空、雷电等有市场需求和发展前景的潜在领域,持续发力,培育一批新项目、研发一批新产品、开拓一批新市场、形成一批新的经济增长点,推动湖南省专业气象可持续高质量发展。

四是提供政策支撑强化创新驱动。以《湖南省气象灾害防御条例》实施为契机,争取联合湖南省发展和改革委员会等部门发文,确定气候可行性论证项目的具体范围及目录清单,为气象灾害防御服务提供政策支撑。支持各级气象服务机构联合创新,组建气象科技服务研究团队,负责关键技术研发和成果转化,增强核心竞争力。

关于陕西关中地区大气污染防治气象保障服务情况及对策建议的调研报告

李社宏　王建鹏　吴林荣　毕　旭　杨　瑾　王　丽

陈欣昊　金丽娜　刘　畅　蔡惠文　黄　蕾

（陕西省西安市气象局）

习近平总书记指出,保护生态环境就是保护生产力,改善生态环境就是发展生产力。党的十八大以来,国务院发布实施《大气污染防治行动计划》,消除人民群众"心肺之患"的蓝天保卫战全面打响;"坚持全民共治、源头防治,持续实施大气污染防治行动,打赢蓝天保卫战"写入党的十九大报告;在党的二十大报告中,习近平总书记强调"持续深入打好蓝天、碧水、净土保卫战";2023年5月,习近平总书记在听取陕西省委省政府工作汇报时强调"努力在加强生态环境保护等方面实现新突破"。一次次重大论断,昭示着治理大气污染的决心。当前,关中地区大气污染防治形势异常严峻,2022年168个重点城市排名中,关中地区所辖渭南、咸阳、西安位列倒数1、2、4位,推动关中地区空气质量持续改善,是贯彻落实习近平总书记重要指示的内在要求。针对关中地区大气污染防治面临的严峻形势和迫切需求,重点围绕"陕西关中地区大气污染防治气象保障服务情况及对策建议"开展调查研究,聚焦提升关中地区大气污染防治气象保障服务能力,进一步做好大气污染专项行动科技支撑,组织做好跨系统跨部门联防联控,提出系统防治对策建议。

一、调研所做主要工作

重点围绕"五个一"(形成一篇高质量调研报告,撰写一份项目可行性研究报告,建立一套新业务流程,完成一篇关中地区臭氧污染规律机理研究综述,健全一套部门协作和数据信息共享机制)目标,突出中国—中亚峰会期间大气污染防治气象保障服务解剖式、反思式调研,坚持"开小口、挖深井、作大文章",以实地调研、深度访谈、问卷调研和文献调查相结合方式,对中国气象科学院、北京市气象局城市院、京津冀、陕西省环境科学研究院、区县污染严重区域及环保部门进行调研。通过系统梳理,形成工作台账,现场指导解决基层问题 2 项,先后 3 次召开调研组专题会议,深入分析问题,研究解决措施和努力方向。一是实地调研。赴中国气象科学院和北京市气象局城市院调研环境空气质量预报预警技术;到长安和鄠邑全面了解大气污染仪器使用、本地污染物来源受气象因素影响情况;赴陕西省环境科学研究院就大气污染防治气象保障服务工作深入调研。提出加强数据分析应用能力、加大人工影响天气作业力度为大气污染防治提供助力、加强部门数据信息共享等解决措施。二是深度访谈。与陕西省环境科学研究院、陕西省气象台、西安市生态环境局专家通过电话访谈了解大气污染防治项目合作、臭氧和 $PM_{2.5}$ 污染规律等技术指标,提升臭氧、$PM_{2.5}$ 机理研究和科学评估能力,加强技术产品本地化检验释用推广。三是问卷调查。面向陕西省环境科学研究院、西安市生态环境局、区县污染严重区域发放调查问卷 107 份,收回建设大气污染物监测站、研发针对性服务产品、加强气象与生态环境部门信息共享及成果交流、打破部门壁垒培养专业人才、进一步加强部门间合作等意见建议 15 条。四是文献调查。搜集整理国务院、中国气象局、河北、北京、陕西等大气污染防治政策法规等 86 份,开展与调研相关的处理分析。

二、国际国内大气污染防治气象保障服务现状

(一)国际基本态势

欧美发达国家通过实施各种计划、执行日趋严格和完善的环境标准体系及排污许可证制度,辅以灵活的经济措施,使欧美能源结构和工业结构逐步趋于清洁化。美国通过设定技术标准,采用"最佳可用控制技术(BACT)"控制排放。欧盟固定源污染控制主要实施污染预防与控制指令(IPPC 指令),建立协调一致、一体化工业污染防治系统。城市大气中硫和烟尘污染基本得到解决,酸雨进一步加重势头得以控制,环境空气质量逐年改善。

(二)国内先进经验

2013—2021 年,全国各地坚持减污降碳协同推进,实施区域联防联控措施,空气质量得到有效改善。浙江、安徽、上海及深圳等地开展减污降碳协同治理早期实践,为"双达"工作积累了很多好经验。特别是京津冀地区开展减污降碳协同治理取得积极成效。

北京在全国率先建立城市空气质量预测预报体系,先后 3 次开展源解析,量化分析 $PM_{2.5}$ 来源组成和区域传输影响;建立第一个区域大气本底监测站(北京上甸子)及"天空地"一体化空气质量监测网络;持续推动睿图—化学模式、风光模式支撑、生态效益评估、睿图—风能太阳能专业数值预报系统等技术研发,实现 9 千米(华北)、3 千米(京津冀/汾渭平原)分辨率,0～16 天不同预报时效环境气象综合预报产品。

天津完善生态环境站、气象塔和地基遥感站功能建设及中国气象局天津大气边界层观测站建设;发展高分辨率大气环境数值模式技术;建立大气污染防治气象保障平台;完善市、区两级气象部门与生态环境部门联动机制;建立精细化环境气象业务,发展大气环境气象条件定量评估、大气环境容量分析评估、生态环境监测和承载力评价业务。

河北建成覆盖全省区域大气环境边界层气象监测网,完成唐山、廊坊、沧州、衡水、石家庄、邢台、邯郸风廓线与微波辐射计配套建设;建成大气污染气象条件预报预警服务系统及重污染天气预警模型;开展大气污染防治气象干预试验,建成环境气象监测分析服务系统,常态化制作监测综合分析产品,为政府及相关部门科学治理大气污染和减排调控提供决策依据。

三、关中地区大气污染防治气象保障服务现状

(一)面临的严峻形势

纵向看成效明显。2021 年陕西省空气质量取得"大气十条"实施以来历史最好成绩;2022 年空气质量同比有所反弹,重污染天数控制在历史最高水平,全省空气质量总体保持向好态势。横向看差距较大。关中地区空气质量改善幅度相比京津冀等地差距明显;$PM_{2.5}$、PM_{10}、O_3 等污染物浓度仍处高位,秋冬重污染天气高发频发,渭南、咸阳、西安等地在全国重点城市排名长期落后的情况没有根本改善。全局看形势严峻。在 2022 年 168 个重点城市排名中,关中地区所辖渭南、咸阳、西安位列后 20 位,其中渭南倒数第 1、咸阳倒数第 2、西安倒数第 4。即便在空气质量最好的 2021 年,渭南、咸阳、西安也均在后 20 位榜单中。2023年 1—10 月这三市也仍在后 20 位中,分别为倒数第 7、3、4 名。

(二)气象保障服务现状

1. 初步建立环境气象监测网
建成 3 部风廓线雷达、8 部微波辐射计、1 部 L 波段探空雷达及 2 部激光测

风雷达,可实时监测环境气象要素,并在一定程度上反映逆温层的变化特征,从而为气象研究提供详细的基础数据。

2. 初步具备大气污染气象条件预报预警能力

依托前期建成的高性能计算集群(240 个 CPU 物理核心,4.7Tflops 计算峰值),可实现 0~72 小时(有效时效 60 小时)大气污染气象条件预报,雾霾预报预警和重污染天气气象条件联合预警子系统投入业务运行,解决了不同气象条件下污染物的生成、扩散、转移等动态过程,为城市规划和环境保护提供更科学的决策依据。

3. 初步建立部门协作和数据信息共享机制

与陕西省环境科学研究院开展区域间环境监测数据共享,联合进行环境空气质量联防联控和变化趋势研判,中国—中亚峰会期间每日会商西安未来一周空气质量变化趋势及首要污染,每月 5 日前完成环境气象条件评估。与西安市生态环境局合作共推大气污染防治相关工作,编写西安市大气污染防治气象保障服务工程项目规划书、《西安市大气污染防治气象保障工程可行性研究报告》;派专人入驻市大气污染治理专项行动领导小组办公室,针对重点活动区域进行视频连线,健全常态化大气污染会商研判工作机制。落实技术研发专项服务经费 90 万元。

(三)环保及社会需求现状

近年来,随着气象环保意识的提升,环保部门及公众对大气污染气象服务需求日益增长。具体体现在以下三方面:

1. 搭建关中区域大气污染物组网立体监测体系

根据环保部门业务需求,联合组建科研攻关和创新团队,开展关中区域大气污染物垂直分布特征、传输机理分析;实时监测关中地区大气污染浓度时空变化、水平和垂直传输发展、西安城区污染传输通量变化,为关中地区大气污染防治提供有力技术支撑。

2. 全面深化空气质量气象保障服务能力

与陕西省环境科学研究院、西安市生态环境局深入对接,根据污染物形成、传播和扩散规律,重点对大气扩散条件分区域预测、重点污染过程管控措施和气象条件评估、分区域臭氧污染预报预警技术等深入研究。在每月制作发布环境气象条件评估报告的基础上,结合气象要素分析评估环境气象指数、大气混合层高度、大气静稳指数、大气通风系统、大气自净能力等,开展关中地区大气污染扩散动态模拟研究工作,为重大活动空气质量保障提供科学依据。

3．加速部门数据共享和联合技术攻关力度

加强与陕西省环境科学研究院联合会商,针对需求,确定研究重点内容为大气扩散条件分区域预测、重点污染过程管控措施和气象条件评估、分区域臭氧污染预报预警技术、管控措施评估等,拟定大气污染防治调度气象辅助决策系统作为深度合作项目。强化大气环境监测数据实时共享,建立设备资源和数据共享平台。

（四）存在的突出问题

目前,关中地区大气污染防治气象保障服务在环境气象综合监测、预报预警、部门共享等方面已初具业务规模,但环境与气象监测数据未能有效融合分析应用,总体水平与国内发达地区还有较显著差距。

1．大气污染防治气象监测预警体系还不完善

关中区域大气污染物组网立体监测尚未开展,环境与气象监测数据未有效融合分析应用;大气环境卫星遥感监测分析能力不足,对大气污染排放源、污染物扩散轨迹、大气气溶胶浓度、大气污染气体、局地及区域性大气污染分布缺乏整体的动态监测;现有高性能计算资源不能满足客观化预报模式运行需求。

2．大气污染防治气象预报预警能力亟待加强

雾霾沙尘等污染天气、空气污染气象条件预报、空气质量预报、重污染天气预警精细化及定量化不够;环境气象预报技术相对滞后,细颗粒物和臭氧客观预报方法、逐小时精细化短期预报和中长期预报技术需加强;环境气象数值预报模式在预报时效、空间分辨率、预报准确率等方面亟待提高。

3．科技研发和人才培养力度不够

目前,关中地区环境气象团队规模偏小,总量不足,整体素质和科研创新能力有待提高。在科技研发和人才交流方面基础薄弱,如领军人才、创新团队、科研平台和成果转化等呈现"少""散""弱"特点,不能形成完善的科技创新生态。

4．长效联防联控机制还不健全

与环保部门信息交换网络和信息共享业务平台未有效建立,不能实现环境空气质量要素、气象监测预报预警等信息共享共用;部门协作联动力度有待加强,气象与环保信息交换、联合会商渠道不畅;数据产品共享、网络互联互通,共推关中地区大气污染防治"科学调控、精准治污"合力尚未形成。

四、对策建议

（一）全面构建大气污染防治气象保障服务监测预警体系，实现科技支撑系统化

建设覆盖关中区域天地空一体的环境气象监测业务体系，实时监测关中地区大气污染浓度时空变化、大气污染水平和垂直传输发展、西安城区污染传输通量变化；升级现有高性能计算集群算力，空气质量预报模式运算能力达100 Tflops，可用存储容量达500 TB，扩充部署资源池云管平台；建立多源资料及预报服务产品综合显示交互分析平台，持续开展大气污染成因机理研究，特别是污染传输过程三维显示分析等，为大气污染防治提供有效的技术和数据支撑。

（二）不断提升空气污染气象条件预报能力，实现科技产品系列化

升级优化关中城市群空气质量数值预报系统、西安空气质量数值预报系统，建立短期—中期—延伸期—月尺度无缝隙递进式大气污染气象条件及潜势预报；建立重污染过程个例库，形成关中地区臭氧污染机理研究综述；建立一套新的大气污染治理气象保障服务业务流程，开展大气污染防治人工增雨雪作业科学试验；开发环境气象关键技术及预报服务产品，实现关中地区大气污染气象条件精细化特征分析、预报、模拟及评估，做好细颗粒物和臭氧重污染天气应对气象预报、评估保障服务。

（三）着力提高科技创新和人才建设水平，实现科技队伍专业化

加强环境气象中心建设，开展关中地区重点区域、京津冀及其他区域大气重污染成因、环境气象监测评估等科技攻坚；加大环境气象高层次人才引进和培养力度，联合环保部门、高校和科研院所申报科研课题及项目，开展大气环境中存在的关键科学技术问题研究；积极争取国家和地方各类项目立项支持，建立稳定的环境气象业务维持投入机制。

（四）加快建立健全和完善部门合作机制，实现科技服务规范化

加强气象部门与环保部门合作，建立设备资源和数据共享平台，完善关中地

区空气质量数据看板;联合环保部门开展预报业务技术研发,加速推进《关中区域大气污染治理气象保障服务实施方案》《西安市大气污染防治气象保障工程建设方案》《西安市大气污染防治气象保障工程可行性研究报告》等项目的联合攻关;进一步完善生态环境与气象会商研判制度,改进会商研判 PPT 和决策服务材料,建立健全多形式、多渠道、多层次、全方位的交流和合作。

深耕海洋牧场，开拓广东气象高质量发展新空间

——现代化海洋牧场气象服务保障调研报告

常　越[1]　张晓东[1]　陈荣亮[2]　王桂娟[1]　侯中阳[1]

（1. 广东省气象局；2. 广东省农业农村厅）

2023 年 4 月，习近平总书记在广东考察时指出，要树立大食物观，既向陆地要食物，也向海洋要食物，耕海牧渔，建设海上牧场、蓝色粮仓。广东召开高质量发展大会，提出要坚持"疏近用远、生态发展"，着力培育现代化海洋牧场全产业链，开拓广东省高质量发展新空间。为推进加强海洋牧场气象服务保障工作，使气象部门全面融入现代化海洋牧场建设，广东省气象局联合广东省农业农村厅组成调研组，先后赴青岛、大连、宁德市气象局，福建大黄鱼海上养殖基地、福建官坞海产科技集团有限公司等地进行调研，深入了解海洋气象服务及气象为农服务、渔业安全生产气象灾害风险预报预警以及水产养殖、现代化海洋牧场气象服务保障情况，认真分析广东现代化海洋牧场气象服务保障特点、存在的短板和问题，并提出对策建议。

一、现代化海洋牧场气象服务保障的先进做法和经验

（一）以海洋专业服务为基石，延伸拓展海洋牧场气象服务

青岛市气象局开发了海洋气象综合业务平台，在海事、渔业等 10 余个涉海单位开展了业务应用，划分 7 类海洋气象功能区，研发 11 种针对性特色产品。福建宁德市气象局推进渔旅融合气象服务，依托三都澳大黄鱼养殖示范基地，开展以大黄鱼渔排养殖与滨海旅游相结合为特色的休闲渔旅气象指数预报服务，推进渔旅融合气象服务。

（二）成立专业气象服务中心，研发海洋牧场专业服务产品

大连市气象局建立全国第一个省级海洋牧场气象服务中心，打造"4＋"服务

218

模式,通过"农业气象＋专业气象""气象监测＋水文监测""气象部门＋高等院校""实时监控＋直通服务",加深部门间合作,提升服务保障能力。青岛市气象局成立青岛海洋气象预警中心,参与制定《青岛市海洋牧场管理条例》,确立了以气象部门大风预警信号为先导的海洋牧场安全管控机制。福建连江县气象局建立海带、鲍鱼等养殖气象服务指标,开展海带针对性气象服务,助力海带"看天"入苗,减少了灾害性天气造成的损失,提高了海带的产量和质量;开展鲍鱼养殖气象服务规范团体标准的制定工作。

（三）多个涉海部门加强联动,打造海洋牧场服务直通车

青岛市气象局建立了20余个主要涉海部门参加的联席会议制度,研发针对性服务产品,建立了海洋养殖气象服务微信群,提供点对点精准服务,加强提升面向终端用户的"直通式"预警传输能力。大连市气象局建立海参气象服务专家小组,为养殖关键期暴雨、高温等高影响灾害提供专题服务产品;巧借"外脑",特邀外部门正研级高工作为近岸养殖气象服务外聘专家;首创海参气象指数保险,提升风险保障水平,保护"辽参"品牌价值。福建省宁德市气象局与海事局签订框架合作协议,研发建成宁德海上交通气象服务平台并应用推广,提供精准覆盖宁德海事部门的6条航道、5个锚地、31条客渡运航线（含航经点）、34个渡口共计250个点位的海上交通气象服务信息,为海事部门执法决策提供依据,为海上出行提供精准和及时的气象服务。

二、广东现代化海洋牧场气象服务能力现状分析

广东濒临南海,拥有丰富的海洋资源,基础优势明显。全省海岸线4084.48千米,海域面积41.93万平方千米,海洋经济总量连续28年居全国首位。八大湾区生物资源丰富,光热条件好,全年适合海洋养殖,复养率高。

（一）建设现代化海洋牧场对于广东乃至全国经济都具有重大意义

现代化海洋牧场是2035年再造一个"海上新广东"重要引擎,是落实省委"1310"具体部署和深入实施百县千镇万村高质量发展工程的重要抓手。建设海洋牧场全产业链,有助于打造保障全省乃至全国粮食安全的"粤海粮仓";把海洋资源优势转化为发展优势,有助于打造全省高质量发展的"蓝色引擎";推动形成一批向海而兴、因海而富、依海而美的县,有助于推进百县千镇万村高质量发展工程。

（二）目前广东海洋气象监测预报能力

一是初步建成了近海海洋综合气象观测网。依托国家海洋气象综合保障工程、广东省"平安海洋"气象保障工程，初步建成由 87 个海岛站、216 个沿海站、19 个石油平台自动气象站、7 个海洋浮标站和沿海 6 部天气雷达组成的近海海洋综合气象监测网，海岸线自动气象站平均站间距缩小到 7.5 千米，海洋气象观测延伸到离海岸线 300 千米，为支撑全省开展海洋气象预报业务提供了有力保障。

二是初步建立网格化海洋数字气象预报业务。在全国率先建立了网格化的海洋数字气象业务，产品空间分辨率精细至 10 千米，时间分辨率达 6 小时，预报时效最长达 7 天。2021 年成功实现自主制作发布南海海上无线电气象传真产品，产品分 5 类 11 种，范围覆盖南海及包括马六甲海峡在内的印度洋东北海域，预报时长达 72 小时，填补了我国南海海域气象传真的业务空白。建立了华南近海强对流预报业务，每天两次发布 6 个海区（汕头附近海面、汕尾附近海面、珠江口外海面、川山群岛附近海面、湛江附近海面、北部湾海面）的 0～6 小时和 6～12 小时强对流天气预报。

三是发展了具有自主知识产权的海洋气象数值预报模式，台风、海雾等海洋灾害性天气预报能力不断提升。依托广东省数值天气预报重点实验室，研发了中国南海台风模式（CMA-TRAMS），预报能力达到国际先进水平。研发了分辨率精细至 3 千米、预报时效长达 96 小时的华南沿海海雾数值模式。结合珠江口和琼州海峡航运服务需求，进一步研发了珠江口海雾模式和琼州海峡海雾模式，分辨率精细至 1 千米，为海上航运保障提供有力技术支撑。

三、广东现代化海洋牧场气象服务保障能力存在的问题

与山东、辽宁的黄海和渤海海域相比，广东地处低纬，属亚热带季风气候，具有海洋资源丰富和海洋气象灾害繁重的双重性，是我国气象灾害最多、最重的省份之一，台风、强对流、大雾、雷电、冬季大风、低温、高温等海洋气象灾害多发易发，灾害风险高。广东现代化海洋牧场建设和生产对于气象监测精密度、预报精准度、服务精细化的要求非常高、依赖程度大。

（一）广东海洋气象灾害影响较大

一是台风活动频繁，破坏力大。据统计，1949—2022 年西北太平洋和南海

平均每年生成的27个台风中，有10个台风对广东海域造成影响，其中5个登陆或严重影响广东（最多年份有9个）。历史上9615号强台风"莎莉"、1319号超强台风"天兔"、1409号超强台风"威马逊"、1522号超强台风"彩虹"、1713号超强台风"天鸽"、1822号超强台风"山竹"等台风过程，均给广东省造成了巨大的损失。

二是强对流天气易发，强度强。广东海域水汽能量充足且海气相互作用强烈，极易激发雷雨大风、冰雹和龙卷等强对流天气。例如，2002年12月19日，广东省沿海出现冬季罕见的强对流天气过程，冰雹、龙卷风、强降水先后袭击湛江、茂名、阳江、江门，造成63.52万人受灾，死亡失踪26人，受伤407人。

三是冬春季大雾、大风严重，危害大。广东海域是我国冬春季海雾的多发区，同时也是全球七大海雾最严重的海域之一，年平均雾日数达20～30天。每年东北季风时期，伴随冷空气入侵南海，带来强而稳定的大风，给海上航运、海上养殖等带来严重影响，甚至威胁渔民的生命安全。2017年11月12日，一艘货轮在广东惠来海域遭遇寒潮大风沉没，14名船员遇险。

四是高、低温等极端天气突出，灾害重。广东海域夏季持续时间长，高温天气突出，特别是当西北太平洋副热带高压长期控制时，容易发生大范围持续性的高温天气。而在冬季，寒潮和强冷空气也会带来急剧的降温，对海洋渔业生产造成严重灾害。

（二）广东海洋牧场气象服务保障精细度不足

一是海上气象监测基础薄弱。观测手段不够丰富，观测资料欠缺，观测密度稀疏，难以满足海洋牧场气象保障高精高细的要求。

二是海洋气象预报能力有待提高。现有的海洋气象预报产品仍以面上预报为主，时空精细程度不够，内容针对性不强，预报准确率仍有待提升。

三是系统平台支撑不够。缺乏相应的预报预警服务平台、产品展示平台和预报检验平台等系统建设，迫切需要开发信息化、智慧化平台推动海洋牧场气象服务能力提升。

四是海上社区预警联动机制尚未建立。针对海洋牧场气象保障的部门联动机制仍需加强，以预警信息为先导的海洋牧场气象灾害应对机制有待建立。

四、对策和建议

（一）科学规划，推进现代化海洋牧场前期工作落地落实

各地气象主管机构要与农业渔业部门加强沟通协作和信息数据共享，高度

重视现代化海洋牧场气象服务保障工作。在编制现代化海洋牧场发展规划时，要将气象部门列为现代化海洋牧场规划编制小组成员单位或咨询单位，科学规划现代化海洋牧场气象观测体系建设，统筹考虑气象观测设施设备布设需求，保障气象观测空间。气象部门要积极主动作为，充分发挥灾害防御的经验优势，用好多年气象灾害的历史数据，开展海洋气象灾害可行性论证，重点对风暴潮、赤潮等广东易发灾害进行论证，识别精度较高的风险区，为海洋牧场选址、建设施工保障、设备抗风设计、防雷安全设计、运营生产和防灾避险提供气象科技支撑和专业气象服务。

（二）提前部署，统筹建设现代化海洋牧场气象观测站网

各地气象部门要主动融入，将海洋气象观测设备纳入现代化海洋牧场一体化规划、设计，有条件的地区要协同建设，确保气象观测设备标准规范，气象观测数据准确可用。统筹推进"岸基综合海气观测站""海洋牧场重力式深水网箱养殖区小气候站""海洋牧场桁架式养殖平台小气候站"等建设，构建"可视、可测、可控、可预警"的现代化海洋牧场专业气象观测网。同时，做好海洋气象观测数据采集和共享共用，为现代化海洋牧场精细化预警预报、科学开发海洋气象指数保险产品、经营主体定损理赔提供数据支撑。

（三）强化保障，完善现代化海洋牧场灾害风险补偿机制

各地气象与渔业部门要提前部署，强化保障，优化海洋牧场气象指数地方特色险种，探索适用的天气期货，提供气象灾害避险工具，降低天气风险。完善现代化海洋牧场灾害风险补偿机制，构建政府、保险、社会联动的灾害风险补偿体系，助力现代化海洋牧场高质量发展。

（四）强化合作，开展现代化海洋牧场建设全链条服务

各地气象与渔业主管部门要加强合作，从现代化海洋牧场规划编制、项目建设、生产运营，开展全链条的气象服务保障。坚持系统观念，联合开展现代化海洋牧场气象灾害风险预警预报产品及服务系统研发，推出更多针对性强、实用性好的优质服务产品。要共同做好灾害防御科普宣传工作，用好农业、气象等社会组织，提升海洋渔业安全生产、渔船和海上养殖设施风险预警以及渔民自救互救能力，为现代化海洋牧场气象灾害防范提供全链条气象服务保障。